DEFEATING THE PROCRASTINATION

打败拖延

张辉霞 ◎著

中国法制出版社
CHINA LEGAL PUBLISHING HOUSE

前言

Preface

提起拖延，相信一定有很多人唉声叹气，拖延影响了自己的工作和生活，吞噬了宝贵的时间，让自己在焦虑和懊悔中虚度光阴。拖延的原因有很多种，懒散、自卑、害怕失败、追求完美……拖延不是病，但当拖延的阴影笼罩我们的生活时，它就像一种顽疾难以去除。陷入拖延的泥潭而无法自拔，会引发一系列不同程度的心理问题，焦虑、抑郁、绝望、空虚、自我否定……战胜拖延，刻不容缓。

怎样才能战胜拖延？首先要了解拖延和它的危害。什么样的人容易拖延？拖延的心理机制是怎样的？哪些因素培养了“拖拉斯基”（“拖拉机”、拖延者）？“拖拉斯基”有什么样的表现和特征？本书的前半部分为您深入地剖析了拖延和拖延者。

本书的后半部分是战胜拖延的攻略。有的人拖延是因为不同的任务摆在面前，不知从何着手。如果是这种情况，不妨给工作做好优先排序，同一时间专注于一件事，拖延就会悄然隐去，工作效率就能提高。有的人拖延是因为没有正确的时间管理方法，那不妨试试番茄时间管理法，只要你能坚持25分钟，就迈出了战胜拖延的关键一步。

在书中，作者列举了大量贴近生活的生动案例，很多案例中或许都有你我的影子。作者精辟的分析和简单易行的打败拖延攻略，可以帮助我们在与拖延的战争中占据上风，赢得最后的胜利。

目 录

Contents

Chapter 1 第一章 今天，你拖延了吗？

Chapter 2 第二章 拖延者常这样

Chapter 3

第三章　拖延家族的成员

Chapter 4

第四章　“拖拉斯基”如是说

Chapter 5

第五章 中了拖延的毒

Chapter 6

第六章 向拖延宣战

Chapter 7 第七章　采用番茄工作法

Chapter 8 第八章　雷厉风行行动派

Chapter 9 第九章　三人行必有我师

第一章

今天，你拖延了吗？

拖延很普遍，“拖拉斯基”（拖延者）无处不在，我们每个人都不同程度地受到拖延习惯的困扰。拖延是基于一种怎样的心理？我们为什么会陷入拖延的泥潭无法自拔？“拖拉斯基”背后有着怎样的心酸故事？

第1节 拖延无处不在

小盛是一位室内设计师，在一家装饰设计公司工作，面对一项又一项的装修设计任务，小盛却一拖再拖，以致影响到工作的进度。每次从现场回来，按道理说，他应该马上修改不合理的地方，提供给客户一到两份可行的设计方案。可是一坐在电脑前，小盛就开始开小差。

他一会儿上QQ，一会儿刷微博。老板不在时，他再偷偷看会儿球赛，一直磨磨蹭蹭的。当潜意识提醒自己“再不开始就死定了”时，才起身去个卫生间，倒一杯水开始准备工作。可是摸摸肚子，感觉好饿，就决定吃完饭再说，一个上午就这样拖延过去了，到最后还是什么都不想做。等到老板催促他时，他才意识到实在不能再拖了。小盛不止一次用时间紧、任务急为理由为自己开脱，可是老板对此已经麻木了。

和朋友聚会，小盛是出了名的“迟到大王”。明明约好上午十一点见面，小盛到了十一点却才准备出门，接到朋友的“夺命连环call”，他只好编造各种理由，上演各种奇葩戏码，为自己的拖拉开脱。时间长了，朋友给他确诊为“懒癌患者”。

一次，在三天小长假之前，小盛接到一幢别墅的室内设计任务，老板要求假期上班后马上和客户见面。为了尽快完成工作，小盛特意把客户资料全部带回家，并信誓旦旦地告诉老婆：“这个假期我加班哦，不是十万火急的事情，千万不能打扰我！”第一天，小盛吃过早饭，一鼓作气写完一篇情况综述，写完之后，他成就感爆棚。午饭之后，他开始玩社交网站，一会儿上豆瓣，一会儿刷微博，一下午就在网上晃悠。到了晚上，他又开始走亲访友。

之后两天，小盛完全找不到工作状态，从早上坐到电脑前，憋到傍晚时分，还在草图阶段徘徊。没办法，他只好带着资料提前回到公司，在同事的帮助下完成了设计初稿。老板对他发飙说：“下班之前，我要看到完整的设计稿，如果完不成，你自己看着办吧。”小盛感受到了老板眉宇之间的杀气，在下班前15分钟，终于赶完了全部的设计和方案报告。

小盛的经历是否似曾相识呢？生活中的你我或多或少都有过类似的经历。在现代社会里，拖延无处不在。社会机器中的每一个个体，在各种动机的推动下飞速运转，如同高速公路上的汽车马达，如同纺织车间的飞梭。可是在每一张紧张的面孔、每一个飞快的步伐背后，人们的身体里都住着一个拖延小鬼，嘴里喊着“时间还多着呢”“离截止日期远着呢”“再歇一会儿就开始工作”，所以身体总会待在原地不动，成了泥足深陷的“拖拉机”。

如果你对“拖延”这个词比较陌生，不知道“拖拉机”为何物，不确定自己是不是存在拖延问题，不妨从日常生活中找找参照。你是否曾经从图书馆借了一堆书，却在归还日期到来之前未翻开一页呢？你是否曾经接过一份商业企划案，却一拖再拖，直到老总催了再催才匆匆完成？你是否曾经立下一个远大的目标，却因为一会儿玩手机，一会儿看视频，一会儿浏览网页，最终一事无成？你是否每天早晨在闹钟响起时，又被你反复摁掉，在最后一刻起床，然后踩着时间点进入办公室？如果你的回答为“是”，那么，你已经进入“拖拉机”的行列了。

所谓拖延，即指自我调节失败导致的行为，在能够预料后果有害的情况下，仍然把计划中的事情往后推迟。拖延表现在各种小事上，日积月累，就会影响个人的身体和生活。“拖延”（procrastinate）的拉丁原文是 procrastinatus，即“推迟到明天做”。中国有著名的《明日歌》，即“明日复明日，明日何其多。我生待明日，万事成蹉跎”。《明日歌》可以看作古人对现代人拖延的预言和警示。

拖延分为两类，一种是习惯性的拖延，即作为不良生活习惯的拖延，当事人单纯地做事拖拉，凡事一拖再拖；另一种是严重的拖延，即拖拉的程度已经影响到日常生活，身体和心理都出现了问题。前者只是一种坏习惯，可以经过调整后加以改正；后一种拖延会影响到正常的生活，当事人会因拖延而生活痛苦。

每一个拖延者都有自己的拖延理由，他们可能会说，我没有做好准备，时机还不成熟，一定要做到百分之百的完美，这些说法只不过是拖延者的借口。其实，拖延的背后还有更深层次的心理原因。有的人拖延是因为花太多时间关注自己的情绪，如某个时间段不开心，就要休息一下，上上网、聊聊天，和身边的人侃侃大山，总是把工作放下，先让情绪任性一把。从另一个角度看，这样的做法或许是因为当事人可以得到推迟满足感，也是自制力差的表现。

在学生时期，每个人大概都有拖延的经历。对于老师布置的作业总是一拖再拖，立下无数目标，却总是缺乏动力，把时间花在浏览网页、玩小游戏上面，不到考试前，绝不会着手准备学习。拖拖拉拉地度过每一天，结果离自己的目标越来越远。重新回顾过往人生时，结果发现每一年的计划都没能完成，没有完成的原因就是拖延在作祟。

人们关注拖延，因为拖延无处不在。在快节奏的现代生活中，拖延成为普遍现象，也成为热议话题。拖延基本上和几个因素相关，如压力过大、害怕失败、追求完美主义、缺乏自信以及自我放纵。不管是在日常生活中，还是在网络世界里，拖延都成为人们关注的焦点。“明天再说”是拖延者最爱说的话。

【积极拖延与消极拖延】

奇怪的是，貌似很多人“享受”拖延的过程。总是在最后期限到来之前才开始工作，他们会认为在强烈的紧张、焦虑状态下，更能激发人的斗志，迫使人在压力状态下进入最佳战斗状态。这样的结果虽然成绩不差，但是长此以往，便使拖延得以强化，使得拖延行为一再发生。拖延分为积极拖延和消极拖延两个方面，在最后期限到来之前进入状态的拖延者属于积极拖延。而消极拖延，即纯粹没有战斗力，不愿意面对当前情况。和消极拖延相比，积极拖延的人更喜欢在漫长的拖延之后背负压力工作。

第2节 “拖拉斯基”的昨天

A君是公司年纪最大的员工，也是最早进公司的，算得上元老级别的人物。令人不解的是，每次公司对员工进行加薪或者升职时，A君总是很“巧妙地避过”了这些好机遇。为什么会这样呢？原来上级派给A君的任务，他每次都不能按时完成，久而久之开始不爱接触人群，脑子中常常出现一些不切实际的幻想。之所以能在公司待这么久不被开除，不是因为他是公司元老，而是跟老总有些沾亲带故。那么，A君的工作状态是什么样的呢？

每次接到任务，A君就会习惯性地先冲一杯咖啡，准备在接下来的“苦战”中保持精力充沛；再听一会儿音乐，美其名曰调整心情；然后做一些伸懒腰、倚在窗台前远眺、胡乱翻一些书等活动。不知不觉，时间已经过去了一大半，等他意识到还有任务要做时，离下班只有一个小时了。习惯性拖延的他，总是把时间花在无关紧要的小事上，却不知道完成那些迫在眉睫的、需要及时处理的工作才是最重要的。

A君不仅是工作上的拖延者，在生活上也是如此。工作之余，他时不时地会跟同事抱怨，说自己空有一身才华却无用武之地；空有远大理想却无实现的途径；空有一腔热情却无识他之人。比如，他对写作情有独钟，无数次幻想自己能写出一本可与四大名著相媲美的经典著作，却总是止步于幻想不去执行，如此自然无法实现他的梦想；他画画的兴致很高，狠下决心想要成为丹青妙手，并且已经精心挑选了画板和颜料，然而没坚持多久，就将画画的事搁置脑后，再也没有摸过一次画具，他的画家之梦就这样无情地被拍死在了沙滩上；他渴望做一个弄潮儿，在水中恣意地舒展身形，并且意气风发地到游泳俱乐部办了健身卡，多次立志要把游泳坚持下去，可是好景不长，A君还是放弃了，他的游泳健儿梦终成一场空。

多次与加薪、升职无缘，已经使A君意识到拖延的危害，无奈习惯使然，A君已是拖延成性，曾多次下定决心痛改前非，但总是一次次败给拖延，年深日久就成了“拖”进骨髓的痼疾。作为资深的拖延者，这已严重影响到了他的生活，逐渐消磨了他的斗志，整天都在浑浑噩噩中挨日子。

可怜之人必有可恨之处，A君的可怜之处在于拖延已经成为他生活的主导，可恨之处在于他总为自己的拖延找各种冠冕堂皇的借口。反观己身，工作中的你我是否也出现过A君这样的情况，我们是否认真想过其中的原因。就像A君接到任务后的第一反应不是马上去做，而是去做一些毫无用处的准备，这些固然跟他的拖延习惯有关，更重要的是在A君看来，那些琐碎的、无关紧要的事做起来比较容易，而任务完成起来比较困难，因此A君总把注意力放在那些简单无用的事情上，当他着手进行较难的工作时，已经完全丧失了兴趣和耐心，便一拖再拖。

A君很明显是我们平时所说的“拖拉斯基”，他的举动固然可笑又可恨，然而却不难理解。自古以来，人都有趋利避害的本能，从内心深处来讲，我们都喜欢而且希望做一些简单快乐的事情，而不会主动选择去做那些令我们痛苦烦躁的工作。拖延并不是与生俱来的，A君刚进入公司时也是一个“今日事今日毕”的好员工，后来因为一些工作上的压力会莫名地焦躁，趋易避难的心理越发严重，以至于成了“拖拉斯基”的一员。那么，拖延是如何形成的呢?

做学生时，每次老师留的作业我们觉得半天时间就能搞定，所以刚开始的时候一点也不着急，总是等到最后半天搞突击。就好像5天可以搞定的事情，绝不提前一天。在最后期限到来时，总会以前所未有的斗志完成工作，一次又一次地成功，让我们渐渐产生了只有在压力下才能进入做事的状态，并且能完成得更好的错误心理。于是，我们就认定在拖延之后形成的短期高压状态是最适合自己的工作心态。然而，在日渐繁杂的工作和生活中，它并非无往不胜，一次失败就足以击垮长期建立起来的自信，困难就会被无限放大，渐渐地就会出现更加严重的拖延问题。看到这里，我们不禁会问，拖延都有哪些表现呢？

拖延最显而易见的表现就是严重不守时，几乎没有什么时间概念，他们不仅不把自己的时间当时间，也不把别人的时间当时间。拖延不是时间管理方面的问题，也不是道德问题，归根结底是一个心理问题。它不是天生的，多半是周围环境影响所导致的。它可能是对强权家教的一种叛逆，也可能是身边的亲人和朋友的容忍度过高造成的。当拖延没有严重到影响工作和生活时，我们就不会把它看成多么严重的问题，只是简单地把它当成一种自我调节的方式。其实，过度的放纵就是拖延。

除此之外，拖延者还会为自己编造一个又一个的谎言，有时他们会自我暗示："或许，我明天做这件事效果会更好"，在谎言的迷醉下，事情的完成就变得遥遥无期；有时他们又会说："或许，在强压下我能事半功倍"，在自我催眠下，最后期限到来时他们并没有发挥出更大的创造力，反而缺少足够的时间去完成；拖延者还喜欢抽烟喝酒，他们认为这是一种绝佳的调节方式；拖延者还会不停地找事消遣，他们认为无聊的小事有助于调节情绪。

【拖延者的三种类型】

通常情况，拖延者包括以下三种类型：

鼓励型，又叫找刺激型，特别喜欢把事情拖到最后几分钟，享受忙碌所带来的那种快感。

逃避型，这种人多半不够自信，特别在意别人的看法，逃避表现得也特别极端，不仅害怕失败，也会恐惧成功。

决心型，即无法下定决心，因为不下决心就可以毫无愧疚地将事情无限拖延下去。

第3节　拖是一种思维状态

一次朋友聚会，酒过三巡后，大家都不自觉地话多了起来。闲谈乱侃间，小林站起来说："平时我们这些大老爷们儿和在座的姑奶奶们都把自己的范儿端得挺足了，今天我们不如借着这股酒劲儿，讲讲青春年少时自己的遗憾事，好好地矫情一把。"

小林的话刚落地，下面就应声一片。见大家如此热情，小林索性一马当先，讲起了他那段旧事。那时，他正在读高中，班上有一个女孩，他已暗恋了许久，几经周折他终于打听到了那个女孩家的电话号码。每次回到家，他都要在自家的座机前停留许久，但最终都没有足够的勇气和充分的理由拿起话筒，按下那串在心里默念了无数遍的数字。

不知不觉已临近高中毕业，为了不留遗憾，小林终于下定决心要给暗恋许久的女同学打电话。这天下午，趁家里没人，已经在心里盘算过好几遍说辞的小林走到座机旁，准备拿起话筒向对方倾诉心声，刚按下第一个数字小林就犹豫了。放下听筒，他在电话机旁徘徊了许久，心中设想着各种可能：电话响的时候，她会不会正在忙，没有时间接；这个时候她是不是出去了，要是她妈妈接电话怎么办；她家要是正好有亲戚在做客，她接电话会不会很失礼；这时的她会不会也像自己一样无聊，希望有个人陪自己说说话；电话响的时候，会不会刚好碰到她心情不好；她接听电话时，要是父母正好在身边，会不会不方便说话……

就这样小林拿起电话又放下，放下又拿起，不停地犹豫。纠结了一个下午，最后，小林终于做好了面对各种情况的心理准备，也想到了应对它们的策略。

他再次走到电话机旁，小心翼翼地拿起电话，完成了脑中练习许久的动作，心怀忐忑地设想着对方的反应……

讲到这里，小林故意停了下来，让大家猜猜接下来发生了什么。于是，大家开始七嘴八舌地说起各自脑补出的场景。小林听完后，摇了摇头，轻轻地说出了“电话占线”这四个字，随之遗憾地叹了口气。

读过小林的故事，我们或多或少都有似曾相识的感觉。因为故事中的犹疑导致的拖延，或错过了一次浪漫的表白，从而与心爱的人失之交臂；或失去了一次千载难逢的机遇，让自己一直屈居人下；或错失了向父母表达爱意的机会，在“亲不在”时追悔莫及……

静心细思，不难发现小林一次次地犹疑，其实是一种“待会儿再做”的心态，他不停地自我暗示：自己还没有准备好，多一点时间，准备得就能更充分些。一次次地暗示，使他接二连三地从这件事上绕过去，走上一条看起来很安全，实则不断消磨勇气的岔路。在这种思维的错误引导下，小林日思夜想的表白最后不了了之，并且在以后的岁月里成了他的一大遗憾。

一旦我们在处理某件事情时，陷入拖延的旋涡，很容易自我欺骗，久而久之就会形成一套看似牢不可破的思维模式。拖延思维是一种自动化的习惯，也是心理上的犹疑和逃避。在我们的生活中，它通常以“明日再做”的形式开始，以无限拖延的方式结束。

这种思维是自我设定的一个陷阱。在“明日复明日”的暗示下，我们把所有的希望都寄托在明天，因此名正言顺地把该做的事情统统延迟，试图以逃避的手段解决所有问题，最后那些问题依然是悬而未决。即便是有如小林般的迷途知返，到头来依然是于事无补。如此看来，这种思维是断不可取的。

【打败拖延的ABCDE法】

当我们陷入拖延思维的僵局时，应该如何进行调整呢？

美国著名心理学家艾伯特·埃利斯，通过对一些哲学思想的整合，针对拖延思维创造出了一种行之有效的方法，它就是著名的ABCDE法。接下来，我们以小林为例，来具体分析一下这套对抗拖延思维的方法。

A，即Activating，它所代表的是诱发性事件，通常情况下涉及面比较广。以小林为例，高中时他喜欢班上的一个女同学就是诱发事件。

B，即Belief，它代表的是一种信念，即个体在面对诱发事件时所产生的信念，也就是说他心里对这件事的认识和看法。这种信念与所处的环境和心理素质无关，它是潜意识里的一种反应，分为理性和非理性两种。比如小林，喜欢上班里的女同学后，想到的不是立刻表白，而是等着“以后再做”，这种想法就是非理性的拖延信念。

C，即Consequences，指的是在特定背景下，个体滋生的情绪和行为后果。遇到某些不愉快却迫在眉睫的任务时，不同的人会产生不同的信念，这些信念所引发的一系列行为就是结果。面对自己喜欢的女孩，小林“以后再做”的犹疑就是当时的情绪，一次次地逃避、拖延就是结果。

D，即Disputing，指对拖延思维的劝导与干预。也就是说当你有拖延的想法时，就要在事实的基础上剥离出与之对立的想法，并且尽可能地用它代替原来的想法，如此才不至于在拖延的道路上越走越远。假如小林一开始就能意识到自己的犹疑不决，并坚定地将其换成果断勇敢，说不定这段感情就不会是一个人的独角戏，最起码也会有一个答案，不至于连开口的机会都没有。

E，即 Effect，指反抗与挑战，也就是说在某件事上产生拖延思维时，要敢于质疑，进而与之对抗，试图扭转乾坤。这些行动所带来的效果不仅是外界期待的，同时也是自己所期待的。假如小林能重来一次，他绝不会选择将心中那份青涩单纯的感情，开始得无声无息，结束得不为人知。不会像先前那样，将精心设计的表白拖延成遥遥无期，错失高中毕业前的最后一次机会。

想必大家都不想让小林的遗憾在自己身上重演，倘若我们身上也存在拖延思维，要尝试着用艾伯特·埃利斯的 ABCDE 法进行控制与矫正，逐步将这种思维完全扼杀在摇篮中，从而让我们的人生多一些完美，少一点抱憾。

第4节　拖延中的“老油条”

琳琳是一家杂志社的编辑，长年累月地坐在格子间跟稿子打交道。刚开始稍微用点心就能顺利地完成工作，随着职位的晋升和任务的加重，她越发地感到力不从心，当她从忙碌中抽出身后，发现自己形成了拖延的坏习惯。

“今晚我一定要保质保量地完成这篇稿子！”这是在走出办公室的前一分钟，琳琳对着逐渐暗下来的电脑屏幕发出的豪言壮语。对于在文字上轻车熟路的琳琳来说，一个晚上搞定一篇3000字的稿子就像吃饭睡觉一样简单。那么“百拖成精”后，琳琳是否能轻松搞定呢？接下来，让我们看看她是如何度过这一晚的。

吃过晚饭，琳琳一本正经地坐在电脑前，并煞有介事地建了一个word文档，打开文档后她写下了酝酿许久的标题。为了将这篇文章一气呵成，琳琳做着自以为很是充分的准备。她先是为自己冲了一杯咖啡，紧接着又打开了微博，试图从别人的故事中寻找灵感。浏览微博时，网页上的百度推广又勾走了她的魂儿，接下来她突然意识到自己追的剧又更新了两集，而后点开收藏夹，兴致盎然地看起电视剧来，全然将写稿的事情抛到了九霄云外。终于看完了最新剧情，她发现抽屉里的零食已被吃空，于是她拿着钥匙出门去超市购物，回来时路过报亭，她又买了两本新出刊的《最小说》。到家后，琳琳翻开手上的《最小说》，津津有味地看了起来，杂志看完才意识到稿子还没写。

琳琳再次点开文档，对着只有一个题目的空白页，谋划着文章的布局，一番冥思苦想后仍不得其法。她不由得一阵懊恼，索性再次将它抛在一旁，开始又一轮的刷微博、逛知乎、看豆瓣等活动。当她有心情写稿子时，已是凌晨两点。她揉揉惺忪的睡眼，嗅着微凉的空气，支撑着困倦的身体，强续着未完的思路，还未写够2000字，她已经睡倒在了电脑桌上。

如此令琳琳濒临崩溃的夜晚，以一周一次的频率出现。交稿之前，领导都会给她一周的准备时间，每次琳琳都要拖过最后的期限。对于自己拖延成习惯的毛病，琳琳也是颇为头痛，每次延期完成任务时，她都会斩钉截铁地对自己说，下次一定要提前准备，坚决不在最后一刻完成。然而，这些坚决的誓言，对自己一点用都没有。

这种周而复始的循环弄得她不胜其烦，可是，她不知如何自救。

入职之初，琳琳也是一名兢兢业业、尽职尽责的优秀员工，拖延深入骨髓时，已然沦落为勉强能通过绩效考核的普通职员。那么，琳琳的拖延是如何“炼成”的呢?

故事中的琳琳写稿子的过程，就好像乘坐过山车一样起起落落，情绪亦随之低沉或高昂。从一开始琳琳就下定决心要把稿子写完，并且努力想要完成它，然而在整个过程中，却受到一些情绪波动的影响，最终没能按时完成。陷入这个“拖延怪圈”的琳琳每周都要挣扎一次，却从来没有成功突围。

对琳琳来讲，她的“拖延怪圈”是这样的：

“这次我一定要按时完成！”

离开办公室时，琳琳信心十足地发愿，觉得自己肯定能圆满完成任务。晚上当她坐在家中的电脑前时，习惯性的拖延让她不能马上投入工作，这时的她依然觉得就算走一会儿心，在时间上也不会有多大影响，于是堂而皇之地消磨时光。

“从现在开始，还来得及。”

一阵瞎折腾后，距离截止时间只剩下四五个小时，她只有牺牲睡眠的时间才能按时完成任务。想到这些，她心里一阵焦虑，却还是对自己说：“从现在开始，还来得及。”在压力的推动下，琳琳不得不打起十二分的精神熬夜工作。即便如此，写稿的过程依然很不顺利，一直找不到她想要的那种感觉。写了改，改了删，删了再写，如此糟糕的恶性循环使她残存的希望变成了担忧，却还是抱着“文思泉涌”、一气呵成的幻想。

“我这人，应该没救了吧！”

在时间的点滴流逝中，她所幻想的那种顺利并没有出现，她的忧虑变成了绝望。本打算早点开始，却没有付诸行动；将希望寄托于虚无缥缈的“文思泉涌”，并没有出现任何奇迹。对自己的失望、对领导的负疚、内心的痛苦等负面情绪轮番来袭，她对自己产生了严重的怀疑：“我这人，应该没救了吧！”

“接下来，是做，还是不做？”

时间所剩无几，工作只做了很少一部分，令人抓狂的焦虑将琳琳牢牢捆住。面对还未完成的任务，她独自忍受着愧疚的折磨，勉强对抗着接踵而至的负面情绪，接下来的每分每秒对琳琳来说都是痛苦的煎熬。那么是继续做下去，还是立即放弃？

错失了先机，主动渐渐转为被动，最后将自己逼进了绝境。现如今，在这么短的时间内，不管用何种方法，都不可能完成任务。与其在拼命挣扎后接受失败的结果，还不如及时放弃，何必自讨苦吃？

期限将至，坚持是一种煎熬，坐等失败也不好过。闲坐时心乱如麻，睡又睡不着，无所事事并不能减少心中的痛苦。自己作的选择就要自己负责，自己造成的结果就要自己承担，那么就继续做下去吧。虽然过程是困难的，感受是痛苦的，情绪是烦躁的，但是至少已经在做了，这些足以让自己松一口气，有时还会沉醉其中。

“下次，我绝不再拖延了！”

从近乎崩溃的筋疲力尽中走一遭，身体和心灵都经受了一次严峻的考验，即使事情已经过去，还是不想再次经历紧要关头压力过大的折磨，这时就会痛下决心，坚决不再拖延！坚决不再踏入拖延怪圈！发誓一定要早点开始，一定要控制好节奏，圆满地完成任务。然而，当下一个任务出现时，又会重蹈覆辙，一次次地拼命挣扎，一次次地以失败告终。

第5节　我们为何爱拖延

孙少没什么特别的爱好，就是对车情有独钟，凡是能叫上名字的牌子，他都能如数家珍般娓娓道来。只要一谈论车子，他就会两眼放光，每回说到高兴处，他都不忘对某个牌子的名车幻想一番，而后许下宏愿：有朝一日，一定要将这个型号的车子收入囊中。

转眼间大学毕业了，走在大街上，看着川流不息的车流，孙少还会时不时地为之驻足，并开始为自己的名车梦奋斗。工作之余，他习惯性地穿梭于各种车市论坛，浏览各大车神前辈买车后留下的金玉良言，并且对比各种车型的参考系数和性能配置，其谨小慎微的程度不亚于在现场买车。对车辆持续性的关注，使孙少的买车之心更加迫切，恨不得马上成为有车一族，无奈他那可怜的薪水撑不起他的野心。

兜兜转转又是两年，此时孙少手里有了一些积蓄，倘若再让亲朋好友凑一些，完全买得起一辆如他所想的——低油耗、大空间、高配置、小排量的车子。跟家人沟通过后，孙少决定让自己提前过上有车一族的生活，为了找到适合自己的车子，孙少开始穿梭于茫茫车海。功夫不负有心人，终于某个款型的车子入了他的法眼。锁定车型后，他到附近的4S店进行试乘、试驾，跟销售员讨价还价，几乎拜访完了他所在城市大大小小的4S店，孙少还是没有将车子买下来，原因是实际价格高于他的心理预期。

挑花了眼的孙少面对琳琅满目的车子已是方寸大乱，对各种车型的价值判断也是望而生畏。毕竟买辆车不是小事，孙少觉得不管在价格上还是性能上都要好好地斟酌一番，眼下正是购车旺季，价格上优惠尺度还未放开，那就等到明年二月再说吧。

二月说来就来，新年伊始，喜逢佳节的车市也开始降价，孙少所期待的大幅度优惠如期而至，遗憾的是他所喜欢的车型已售罄。这时，他只好安慰自己，也不差这一时半会儿，还是等这款车到新货吧。

等孙少中意的那款车有货时，已是阳春三月，恰逢销售淡季，相比二月，车子的优惠幅度又多了一些，然而孙少对之前喜欢的车型已经失去兴趣。于是，针对各种车型，他又开始了新一轮的比照，逐渐成了选择困难户，只好继续等待。

在尴尬的等待中，孙少刷朋友圈时，总能看到某某到哪里任性走一回的旅行照片，看多了之后，孙少心想，都是一样地活着，我为什么不能像他们一样开始一场说走就走的旅行呢？久而久之，孙少将时间和金钱都花在吃喝玩乐上，买车的事也就不了了之了。

孙少好好的一场买车梦，最后却被自己拖延成了一场空，与其说是性格的无奈，不如归咎于拖延习惯的强大。故事中的孙少并不是孤立存在的个案，我们每个人身上或多或少都存在不同程度的拖延，并且很多时候我们能清晰地意识到。那么，既然我们已经察觉到了它的存在，为何还会乐此不疲地一拖再拖呢？

很多时候，很多情况下，我们都会把拖延这种不愿干正事的行为归结为懒。然而心理学家们却并不这么认为，他们觉得即便是世界上最严重的拖延者，也有做事干净利索的时候，有鉴于此，无所不在的拖延在他们看来是人们对付焦虑的一种手段。

那么，这种焦虑从何而来呢，我们为什么会习惯性地以消极的方式拖延抵抗呢？其实，这种焦虑来自我们本身，担心有不好的事情发生，害怕自己在工作中失败，恐惧失败带来的后果。但从表面来看，没有哪个拖延者身上贴着“争强好胜”的标签，甚至表现出一副不在乎成败的洒脱。一个作者，迟迟拖着不交稿子，到截止日期时，他对外声称“对这个题材提不起一点兴趣”。事情的真相不是他不感兴趣，毕竟当初接稿的时候没有谁拿枪逼着他，真正的原因是他害怕审核的过程中被毙稿，因为这不仅关乎颜面，还关乎能力。惧怕失败，只好拿“对这件事情不感冒”来为自己开脱。

从中不难发现，拖延除了对抗焦虑，还有点“为自己找台阶下”的意味。当我们在某件事上对自己“判死刑”后，就会消极怠工，找各种借口拖延，直至把自己拖进一个难以成功的困境。就好比你用一只手打篮球，赢了显示出你技高一筹，输了也不会太狼狈，即便是全场没进一个球，你也有理直气壮的借口：我还没有用上另一只手。又像是一个单身男到处吹嘘，自己之所以一直是“单身狗”，是因为没时间约会，要是有足够的时间，不知会有多少艳遇呢！

通常情况下，我们选择拖延都是为了逃避自己不喜欢做的事，然而一味地拖延下去，我们并没有感到快乐，反而会多一些烦躁。时间长了，拖延还会成为日常生活中的常态，让我们每天不得不与拖延对抗，不仅浪费了大量的时间，而且搞得自己身心俱疲。

拖延成性的人是很不讨喜的，因为在别人眼中，他们不是很靠谱。跟这些人打交道，不仅要浪费一些额外的时间成本，还要承担损失金钱及随时解约的风险。于是，充满机遇的大门开始一扇扇向他们关闭。

拖延不仅约束了拖延者的事业，也影响到了他们的生活。对一个犹豫不决的朋友一句鼓励的话，总是没能及时说出口；对孩子一句表扬的话，总是没能及时表达出来；或者我们从来没有抽出时间，用实际行动来表达对家人的爱。习惯性的拖延，将这些力所能及的关怀从我们和需要我们帮助的人那里悄无声息地抽离，等意识到了却为时已晚。

选择了拖延，就选择了失去，那些所失去的就是“拖延者”不得不付出的代价。

第6节　我的兄弟叫懒惰

古老的原始森林里，生活着一群快乐的鸟儿，它们每天唱着欢快的歌曲，辛勤地忙碌着。然而在众多鸟儿中，寒号鸟从来都是只歌唱不劳动。它有着一身漂亮的羽毛和一副出了名的好嗓子，在森林中四处穿梭，并卖弄它的羽毛与歌声。别的鸟儿忙着觅食时，它在唱歌；别的鸟儿忙着垒窝时，它还在唱歌。没有鸟儿听它唱，它就唱给森林中的花花草草听。

寒号鸟四处唱歌，除了炫耀，还有一个重要的原因是不想劳动。别的鸟儿都把巢垒在高高的树上，打理得既温暖又舒服，修整得既稳固又结实，足以应对恶劣的天气和突如其来的灾难。而寒号鸟呢，随便找了一堵石崖，见崖上有一道仅可容身的缝隙，就把那里当成了自己的窝。它想着，这样既省事又简单，还不耽误它在春暖花开的季节一展歌喉。

唱了一个春天，又唱完了一个夏天，寒号鸟依然没有另外筑巢的准备。秋风扫落叶，天气说凉就凉，藏身于冰冷的石缝间的寒号鸟被冻了一夜。第二天温暖的阳光出现时，它才有所缓解，在石缝间安稳地补充着睡眠。住在附近的小喜鹊，见寒号鸟今天没出门，就飞过去探望，好心地劝告它要赶紧垒窝，但是寒号鸟却置若罔闻。

树叶落尽，冬天来了，晚上受冻白天睡觉的寒号鸟还是睡在石缝中。天气越来越冷，寒号鸟终于忍受不住寒冷，望着住在温暖巢穴中的喜鹊不禁羡慕不已。它一边哆嗦，一边悲鸣：“哆嗦嗦，哆嗦嗦，寒风冻死我，明天就垒窝。”

第二天清晨，寒气渐退，暖洋洋的太阳露出了头，早起的喜鹊想起昨夜寒号鸟的悲嚎，忍不住又对寒号鸟说："趁着今日天气暖和，赶紧垒窝吧。"但寒号鸟稍稍感觉到了一点温暖，就把昨夜受冻的事抛在了脑后，它伸了伸懒腰，很不耐烦地对喜鹊说："笨喜鹊，你赶紧走开，别打扰我休息。"沐浴着温暖的阳光，寒号鸟幸福地唱道："得过且过！得过且过！太阳下面真暖和！太阳下面真暖和！"

白天过去，寒夜降临，寒号鸟在石缝中缩成一团，不由得为自己的懒惰懊恼。冻得受不了时，它又忍不住悲嚎："哆嗦嗦，哆嗦嗦，寒风冻死我，明天就垒窝。"第二天太阳出来后，它故技重演，依然赖着不愿出去，甚至对前来探望的喜鹊避而不见。

时光稍纵即逝，转眼到了寒冬腊月，一场大雪冰冻了整个森林，寒号鸟躲在冷得像冰窖一样的石缝中，冻得龇牙咧嘴，声嘶力竭地嚎叫："哆嗦嗦，哆嗦嗦，寒风冻死我，明天就垒窝。"到了半夜，叫声越来越弱，后来消失在了寂静的夜色中。第二天阳光普照大地的时候，喜鹊再次探望寒号鸟，却发现可怜的寒号鸟已经被冻死在寒冷的夜风中。

懒惰最集中的表现就是拖沓，以故事中的寒号鸟为例，春暖花开的季节，别的鸟儿忙着垒窝，它觉得为时尚早；夏天的时候，别的鸟儿在林中四处玩耍，它乐此不疲地加入其中；天凉秋深时，入夜后它在寒冷中一遍遍立下"明天就垒窝"的志向，但阳光出来后却只想着睡觉和玩乐；冰冻雪飘的寒冬，它在寒风中不停地哆嗦，习惯性地重复着"明日就垒窝"的誓言，第二天又习惯性地拖沓，直到冻死在冬日某个寒冷的夜晚，才彻底结束日复一日的拖延。

寒号鸟式的拖延，不仅是一个危险的恶习，严重的时候还能致命。这种因懒惰而造成拖延的"寒号鸟现象"在学习、工作和生活中多有发生，如果我们将一天中的活动记录下来，会发现拖延消耗了太多的时间。除此之外，我们还会发现，许多本来可以做到的事情，因为一次次的懒惰、拖延而与成功失之交臂。

懒惰对喜欢享乐的人是极具诱惑力的，它始终在影响着我们的生活。比如，早上闹钟响的时候，会摁下闹钟，拖延一会儿再起床。起床后因为某些厌烦情绪，又会将今天该做的事拖到明天，能推给别人的事情就会坚决不做。不懂的问题也懒得花精力去搞懂，不会做的事情也不想花时间去学习……

拖延是否等同于懒惰呢？通常情况下，我们将“后果消极且无必要的推迟行为”定义为拖延，把“没有足够的动力做某事”定义为懒惰。两者虽然不同，但有着明显的交集。

在日常生活中，懒惰都有哪些表现呢？以寒号鸟为例，喜欢散漫、无拘无束地生活，本来打算做的事，总是迟疑，与此同时还会为自己的拖延找各种借口。制订了无数个计划，却从不积极实施，总是一拖再拖，直至无计可施，演变成寒号鸟式的悲剧。

倘若想要克服懒惰的恶习，就要改变为自己找借口的毛病，养成主动学习和积极工作的好习惯，如此才能拥有正能量地生活，一步步成就自己，享受成功的喜悦和社会的肯定。那么，我们该如何同拖延作斗争呢？

【微笑着战胜拖延】

首先，要学会微笑。当我们不再以一副冷漠的面孔面对周围的人时，会慢慢发现有很多人是喜欢自己、尊重自己的。和睦的氛围和融洽的人际关系可以改善我们的情绪，增强行动的动力。

其次，要尝试着做些难度系数较小的事，或是自己喜欢的事，抑或想了很久还没有做的事。在做事的过程中，不要在乎结果，而是要好好地享受过程中的充实与快乐。

再次，要保持乐观，笑对人生。在生活或工作中遇到挫折时，可能会忍不住生气，以此来释放内心的焦躁。殊不知，生气是无能的表现，对解决问题并没有任何帮助。在这种情况下，我们需要冷静下来，弄清事情的来龙去脉，采取自己分析或与别人商量的方式，找到问题的关键所在。如此，不仅能收获完成工作任务的喜悦，还得到了锻炼和启发。

最后，学会肯定自己，化自身的不足为前进的动力。在学习和工作时，要全身心地投入，向着最好的结果努力。即便用尽全力也不能很好地完成，但自己曾经努力过、奋斗过，就不会后悔，而在这个过程中，会让自己不断地学习，从而最终获得成功。

拒绝借口，是脱离懒惰的第一步。告别懒惰，即战胜拖延、迈向成功的第一步。从明天起，让自己做一个勤奋的人，开心地工作，快乐地生活。

第 7 节　我就是做不到啊

朋友小赵上学的时候是别人口中常说的文艺青年，经常在社交网站上发一些很文艺的语句或者文章，对写作也情有独钟。毕业后，为了坚持自己的“文青梦”，小赵进入了一家图书公司，负责一些选题策划和稿子撰写之类的工作。平时也不算很忙，晚上回家后，他时常还会写一些自己喜欢的文字。

不知不觉，小赵已经毕业一年了，整个人都进入了工作疲软期。某天，他突然问自己：现在的生活是不是自己想要的？虽然整天跟文字打交道，但大多内容都不是自己所喜欢的，而且这份工作并不像自己最初所设想的那样感兴趣。

为了缓解工作所带来的枯燥，小赵策划了一个自己喜欢的选题，主动联系了一家出版社。选题通过后，小赵跟出版社进行了签约。接下来小赵对自己的时间做了全面而精细的规划，如多久把目录做出来，一篇文章大概需要多少字，每天写多少字能在合同期内完稿……

跟出版社签好合同后，小赵便开始大张旗鼓地忙碌起来，第一周他如期完成了计划中的字数，然而到了第二周，起初的雄心壮志一落千丈，他发现自己已经完不成计划中的字数了。因为第一天没完成计划，到了第二天码字时，就会不自觉地产生一些焦虑，唯恐自己重蹈覆辙。后来，他越发地写不下去，眼睁睁地看着时间过去了一半，他的稿子却只完成了三分之一。

处在这种焦虑不安的情绪中，导致稿子的进度越来越糟糕。第二周刚开始时，小赵就知道自己被“拖拉斯基”找上了，然而他却不能轻易地从这个怪圈里突围，以致越陷越深。看着还没完成的书稿，小赵更加力不从心。为了让自己能够如期完成书稿，小赵不得不对自己下狠招。

所谓的狠招，就是小赵不久前在一个拖稿论坛上学来的。论坛上介绍了一款码字神器，好多人都在上面分享了使用心得，小赵也不由得心动了，于是点开了论坛上的链接，在淘宝网上把这款神器买了下来。

论坛上是这样介绍这款神器的：一旦把这个软件安装在电脑上，进入后可设置一定的字数，在字数完成之前，除了码字和在网页上查找资料，任何事都做不了，如逛论坛、刷微博、聊QQ等都不行，并且盲打出来的字不被计数，复制相同的内容也如此，甚至开机重启都无济于事，只有乖乖地完成规定的字数才能退出。

买回来后，小赵根据别人分享的经验开始摸索，每天给自己规定一定的字数，不码完绝对不干其他的事。在高强度的逼迫下，小赵坚持了一周，等到稿子即将完成一半时，论坛上学来的绝招对他已经失去了作用。一次次地开机重启，一次次地被打回原形，桌子上的笔记本电脑完全成了一块砖头。一场徒劳无功的折腾后，小赵终于完成了规定的字数，成功地全身而退。此后，却再也不敢轻易地进入这款软件。

眼看着合同上的最后期限即将到来，面对还剩三分之一没完成的稿子，小赵再次打起了码字神器的主意。为了快点完成，小赵进入时设定的字数足足是平时的三倍，然而拖了一周还是没完成。最后实在没办法，小赵又在拖稿论坛上学了一招——软件“越狱”，一遍遍地尝试后，小赵终于成功地逃了出来，但稿子却迟迟未完成。

拖延难道真的不能被战胜吗？为何小赵一次次地努力，都以失败告终呢？为了督促自己按时交稿，他制订了详细的计划，并且努力地在执行。后来出现变故时，为了扭转乾坤，他甚至请出了码字神器，却还是没能成功，最后甚至以“越狱”的方式妥协。想必在最后关头，小赵对着安静的空气不止一次地发出：“我就是做不到啊！”的呼喊，既绝望又无奈。

通常情况下，拖延的产生大多是因为从事自己不喜欢的或不感兴趣的工作，所以才一次次地逃避、拖延。除此之外还有另一种可能，就是小赵虽然做的是自己喜欢的事，可是并不能在短时间内看到效果，所以他在刚开始时还干劲儿十足，到后来就越来越力不从心，最后完全缴械投降。究竟是什么原因让我们深陷其中呢？

很多时候，我们都把事情考虑得过于理想化。在小赵的规划中，他把未来的发展完全看成了一个理想世界，似乎他可以从头到尾有条不紊地按照计划去做事，并且能将制订好的计划不出丝毫差错地完美执行下来。然而，在现实世界里，一切都不是想象中的那么容易，随时都有预料之外的事情发生。纸上谈兵确实不用费多少力气，只需要制订一个看似合理的完美计划就可以了，然而当我们真正去做的时候，会发现脑中出现了各种情绪和想法，周围的干扰性和诱惑也被一点点放大，不停地阻碍着我们去执行提前制订好的计划，于是便开始产生焦虑，进而滋生畏惧心理，种种看似不可能的借口却让我们一次次地逃避拖延，将本来可以完成的任务拖延成遥遥无期。

每天早上，闹钟响起时，也知道应该马上起床，可我就是做不到啊；进入公司后，也知道应该马上进入工作状态，可我还是做不到；工作时，也知道刷微博、逛社交论坛、听音乐、看小说等是浪费时间，可是我还是控制不住自己，因为我仍旧做不到；减肥的人，明明跟自己达成协议，要拒绝垃圾食品，健康饮食，可还是会因忍不住犯忌，因为我确实做不到啊；健身的人，一心想练出马甲线，可总是找各种理由不去健身房，因为我真的做不到啊……

我就是做不到啊，好比我们知道了很多道理，却无法处理好某些事情一样。与拖延作斗争的过程也是如此。其实与拖延相抗衡，就是同自身不好的习性宣战。只有下定决心，立即行动，才能克服拖延的困扰，才能养成立即行动的好习惯。

第二章

拖延者常这样

“拖拉斯基”在生活中会有哪些表现呢？明日复明日，明日何其多；捏造出一个个借口来推迟工作，事情总要拖到最后期限才着手处理；伪装出来的勤奋与忙碌……

第1节 没事儿，还有明天呢

王女士怀孕时，心血来潮，想为腹中的孩子亲手织一套毛衣毛裤，一来是为了打发时间，二来是为了提前学习做一个好母亲。在一个阳光晴好的天气里，王女士兴高采烈，与丈夫一起去商场选购了一些漂亮的毛线。

买回家后，对着色彩斑斓的线团，王女士展开了美好的想象：用这团线织毛衣，那两团线织毛裤，这个颜色的线织袖子合适，那个颜色的线适合做衣领，最好再织出一双袜子……在王女士的浮想联翩中，似乎腹中的萌娃已经穿上了她织好的毛衣毛裤，在学步车里冲着她手舞足蹈地奔来。

一番设想后，王女士并没有马上动手。她心想，孩子还不到三个月，没必要开始得这么早。刚刚拿起毛线的王女士告诉自己："还是先看会儿电视吧，反正时间那么长，晚一点开始织也来得及。"整个下午都被王女士用来看电视了，丈夫下班回来时，那些色彩斑斓的毛线还原封不动地躺在沙发上。

又过了两个月，王女士收拾衣柜的时候，发现了之前买的毛线，心想现在开始织毛衣刚刚好。她将毛线拿出来，像模像样地计算着孩子的尺寸，而且进行了一番详细的规划，还画了各种尺寸的图纸。做完这些准备工作后，王女士突然改变了主意：最近丈夫在工作上遇到一些不顺心的事，必须留出一段时间来陪伴丈夫，还不能将这件事提上日程。就这样，为孩子织一身漂亮的毛衣毛裤的想法再次被搁置了。

腹中的孩子八个月的时候，丈夫看到以前买来的毛线还是原封不动地放在那里，想要提醒妻子该为孩子织毛衣毛裤了。但转念又想到妻子怀孕那么辛苦，不忍心她太过劳累，也就打消了念头。后来婆婆看到了那些毛线，为了让毛线物尽其用，就跟王女士商量：“孩子，毛线放着也是放着，不如我替你织吧。”王女士谢过婆婆后，表示自己一定要亲手织给孩子。

婆婆出去后，王女士打量那堆毛线，重新计划了一番。当她找来了织毛衣的针，准备开工时，心里再次出现阻止的声音：“现在也不知道是男是女？如果是小公主，我就给她织一条漂亮的裙子；如果是小王子，就给他织一套帅气十足的毛衣毛裤，而且上面一定要有萌萌的卡通图案。这下只能等孩子生出来再做打算了。”

找了能够说服自己的借口后，王女士名正言顺地拖延起来。不知不觉到了临产期，王女士生下一个漂亮的男婴。初为人母的她沉浸在喜得贵子的幸福中，全然记不起为孩子亲手织毛衣毛裤的心愿。接下来的日子，王女士的生活被家庭和孩子填得满满的，发现自己根本腾不出时间为孩子织毛衣。在孩子一周岁时，那些毛线还是原来的样子，王女士也失去了动手织的打算。

没事儿，还有明天呢？没事儿，现在开始还太早？这些拖延的借口，是不是听起来很熟悉？王女士在“明日复明日”的恶性循环中，直到孩子出生，还是没有着手完成产前许下的亲手为腹中胎儿织毛衣毛裤的心愿。被生活推着前行的你我，是否也会时不时地将“明天”当作拖延的借口，事到临头时，连佛脚都没来得及抱。

职场中，很多人都有类似王女士的心理。一项工作摆在面前，明明稍微卖点力气就能完成，却总是忍不住拖延：没事儿，还有明天呢。于是拖了一天又一天，在复杂、矛盾的心情中，拖到了最后的期限，到了不得不做的时候，才会拿出“被逼上梁山”的气魄去处理拖延已久的工作，幸运的话，通过加班加点就能完成，但多数情况下因为时间问题而功败垂成。

曾经有人说过："毁灭人类的方法很简单，那就是告诉他们还有明天。因为告诉他们还有明天，他们就不会再为今天而努力了。"

从王女士的故事中，我们不难发现"没事儿，还有明天呢"是一种自我催眠的做法。其实，"拖拉斯基"们口中的"明天"是不可信的，这是他们给自己的心理安慰。开始做某件事之前，他们总会习惯性地把今天要做的事情拖到明天，并且觉得明天一切都会向着好的方向发展。假如某件事不存在截止日期的话，拖延就是一件无限美好的事情，因为在他们看来，总有用不完的明天。然而一般情况下，每件事都有它的期限，就跟超市中的商品有保质期一样，过了这个期限再做就变得没有意义了，所以根本不能踩这根高压线。

王女士所表现出来的"没事儿，还有明天呢"属于时间拖延，这种拖延总是表现在各种小事上，日积月累地影响个人的心态。"先放一下，待会儿行动"是"拖拉斯基"们最大的思想毒瘤，王女士拖延的原因则是给自己设定的时间太长，而且过于自信，根本没把织毛衣毛裤的事情放在心上。起初买毛线时，她完全低估了这件事，觉得时间那么长，不管怎样都能轻松搞定。但每次准备织时，稍微感到了一点困难，就会以"为时过早"的理由给自己开脱。孩子生下来后，她发现时间完全不在自己的掌控之中，织毛衣毛裤的事也就不了了之。

心理学家弗瓦尔发现，花两年的时间完成毕业论文的研究生通常情况下都能给自己留出放松与休息的时间，而那些花三年或者三年以上写论文的人几乎每分钟都在搜集资料和写作，所以有时候工作时间拖得越长，工作效率越低。因此，计划做某件事时，不能给自己预留太长的时间。

这种以拖延的方式来逃避任务，是一种自我阻碍的行为，不仅影响工作效率，而且会影响个人的发展。因此，在做某件事之前，我们要给自己设定一个恰当的期限，今天的工作尽可能不留到明天，说不定明天你还有别的事情要做。只有成为时间的主人，才能一步步走出拖延的怪圈。

第2节　满眼尽是最后期限

成为一名像格洛·瑞亚那样赫赫有名的大律师，是李晴由来已久的愿望。为此，李晴将所有的精力都倾注在这件事上，对于接手的每一个案子她都很用心地对待。兢兢业业工作一段时间后，李晴的业务水平得到了提高，同时也得到了领导的认可和客户的好评。

工作上的小有起色，大大地激起了李晴的虚荣心，似乎再努力一把，她就能攀登上格洛·瑞亚那座高峰。原来梦想并不是想象中的那么难以抵达，在李晴这样一天天的自我催眠中，她的工作效率也大不如前。对于工作上遇到的那些琐碎的事情，她能推给别人就绝不会自己做，实在推不掉的就先拖着，积累得够多了就将它们集中起来处理。如此一来，还可以“偷得浮生半日闲”。

日复一日的闲散，使李晴不知不觉成了“拖拉斯基”中的一员。当她意识到时，已经“百拖成精”。拖拉成性后，她也想如从前一样努力地做好每件事，然而一切都与她的愿望背道而驰。陷入拖延的怪圈后，每天一睁开眼，李晴就觉得有无穷无尽的事情在等待着她。为此，她下定决心要改变自己的工作状态，摆脱被动的窘境。

这天进入公司后，李晴打开电脑，心中谋划着在路上酝酿的案件小结。她刚建好一个文档准备着手写时，电脑右下角弹出一个小窗，上面刚好有自己感兴趣的新闻。李晴心想，反正案件小结已经打好了腹稿，先看一下新闻也无所谓。于是她浏览起了新闻，紧接着又查收邮件，登录QQ，习惯性地为自己泡一杯香浓醇厚的咖啡。端着泡好的咖啡回到位置上后，这下应该写案件小结了吧？但李晴觉得，为了严谨一点，还是再“梳理”一下案件吧。稍感疲倦后，她又选择听音乐来缓解。就这样，一个上午的时间，都耽搁在了李晴所谓的准备工作上。

吃过午饭，本该进入写案件小结状态时，李晴却发现先前的灵感已经消失殆尽。为了找回先前的思路，她竭力回想着最初的想法，却发现越急越无济于事，最后只得放弃她潜意识里所认为的“最完美的想法”，重新整理思路。这时距离下班时间只有两个小时，李晴心中不由得一阵焦虑，脑子里还未成形的思路也跟着乱成了碎片。所以在别人下班回到家已经吃过晚饭时，李晴才写完案件小结。

写一个案件小结，完全可以在工作的八小时内搞定，李晴却用了十多个小时，这种拖延让她对工作越来越疲于应付。在最后期限前一刻完成的任务越来越多，后来演变成到最后期限也完不成。公司领导看她一直在公司加班加点地努力，就一次次原谅了她的“来不及”“没做好”，然而这些积累到一定量的时候，公司负责人还是对其作出了开除的决定。

李晴被开除那天，负责人当着全体员工的面拿出了一叠厚厚的“账单”：5个没有完成的案件小结，20个应该约见却没有约见的客户，3场稀里糊涂的法庭辩论，20份没有任何背景调查的报告，30个客户的投诉……李晴带着愧疚的心情，在众人的目光中离开了公司。

丢掉工作，是李晴为她的拖延付出的代价，那么，为什么我们总喜欢把事情拖到最后期限之前呢？在李晴不自主地陷入拖延的怪圈后，接到任务时总会莫名地产生一种无来由的安全感，以为离最后期限还很远，就想着偷懒一下也无所谓；到该开始时，又会找各种理由进行推托，毕竟还是闲着比较舒服；为时已晚时，又会习惯性地自欺欺人：现在做还来得及，算上睡觉的时间也没问题；最后期限完不成时，开始痛下决心，发奋立志：下次绝不这样了，一定要与“拖拉斯基”说再见。

拖延，实际上就是自我期望过高，喜欢为自己设定一些不切合实际的规划。如果将完成任务比作从一根十米长的外表平整的圆木上走过去，那么把它放在地上，任谁都能轻而易举地走过。倘若对结果的期望值过高，这根圆木就像是被架在水深没顶的河面上，我们走在上面就会时刻担心自己掉下去，即对失败的结果充满了恐惧，担心失败带来的心灰意冷，害怕成功后面临更大的挑战，因此我们不敢也不愿迈出第一步。最后期限则是最后关卡处一团熊熊燃烧的烈火，起初因为感受不到火的温度，我们总是觉得它离我们还远。但当我们离它越来越近，被灼烧的那种痛感越来越强烈时，就不得不用尽全力冲过去，努力赶在最后期限前赶完任务，至于质量，那就要另当别论了。

把事情拖到最后期限并不可怕，可怕的是自己喜欢上最后期限前拼搏的快感，享受最后期限过后突然的放松。“拖拉斯基”们几乎无一例外，如计划用时一周完成的事情，结果最后两天的“突击”就把事情搞定，这种情况下我们会陶醉于自己的高效率，自我表扬时这种“效率”就会得到肯定。时间一长，脑中会形成这样的观念：比如在某件事上花费了大量的时间，成绩却不理想，就会觉得是一件很丢脸的事情，而短暂地“突击”却可以取得不错结果。周而复始的循环中，最后期限式的拖延会被强化，为了让自己输得不太“丢脸”，我们往往会将事情拖到最后期限，即使最后的结果不如人愿，也会潜意识里认为自己没用尽全力，如果早开始一天，或许就会是另一种结果。

常在河边走，哪有不湿鞋。如果我们总是靠最后期限这把火来逼自己完成任务，迟早会有烧到自己的一天，而且时间一长，就会对最后期限形成依赖。一旦被最后期限烧到屁股，就会陷入李晴的“噩梦”，并将为此付出惨重的代价。

摆脱最后期限，才能掌控自己的人生。为了避免李晴式的悲剧发生在自己身上，就必须认清最后期限的危害，马上行动起来，拿出屡败屡战的勇气与拖延作斗争，能早点完成的任务尽可能地早点完成。改变自己，从点滴做起，长此以往地坚持下去，一定会收到预想中的效果。

第3节　你是穷忙族一员吗

史密斯太太出身于名门，是一家大公司的总经理夫人，不仅有着良好的家庭教养，而且拥有良好的教育背景。出嫁之前，她有一份体面的工作，在公司很受领导器重。结婚生子后，依然能够很好地兼顾工作和家庭。第三个孩子的出生，却改变了这种状态，出于对孩子的身心健康和学习教育考虑，史密斯太太辞去了工作，过上相夫教子的家庭主妇生活。

先前上班时，因为工作上的繁忙，对于家里面的琐事史密斯太太就有点穷于应付，偶尔会弄得一团糟。现如今，成为专职的家庭主妇后，面对一堆的事情，史密斯太太更是措手不及：一大堆换下来的衣服需要清洗，孩子们乱七八糟的玩具需要整理，被孩子们弄乱的文件书籍也要重新归类，房间里的地板还没有拖……每天面对这些烦琐的杂事，史密斯太太整天都生活在焦虑、紧张、烦躁中，整个人感觉都不好了。

在这种情绪的影响下，她时常会对着孩子们抱怨，甚至说出他们是拖油瓶之类的话语。工作了一天的丈夫下班回来后，她又会对着丈夫抱怨，说自己为了这个家做了怎样的牺牲，说自己有怎样的委屈。虽然事后她都意识到自己这种行为很招人厌，但每次还是会忍不住地发作。即便丈夫和孩子从来没有当着她的面进行反驳，她还是能隐约感觉到他们的不耐烦。难道自己正在一步步变成令人讨厌的黄脸婆？史密斯太太突然有了这样的想法。

刚冒出这个念头时，史密斯太太自己也吓了一跳，对此产生了一种很深的恐惧。她觉得如果自己继续维持现状的话，很快真的就会成为很不讨人喜欢的黄脸婆。她告诉自己，必须做出一些改变！

有了这些想法后，史密斯太太想到了牌友罗太太，准备找机会相互探讨一下持家心得，说不定对方身上有可取之处呢。恰巧有一天，因为史密斯太太的丈夫跟罗太太的丈夫有业务上的交流，于是他们受邀到罗太太家做客。进门后史密斯太太发现，他们家里一切都是那么井然有序，就好像屋子里的东西一直放在原本的位置上，一点儿也看不出移动的痕迹。而且在待人接物上，罗太太始终都是那么优雅从容。

趁两个男人在书房下棋的间隙，史密斯太太忍不住向罗太太请教："您家里都没有要换洗的衣物吗？"

"通常情况下，在你们来之前这些事情都做完了。"罗太太笑答。

"可是，孩子的书本、玩具，丈夫的工具书、文件夹呢？"史密斯太太问道。

"孩子们的书本有专门的书柜，玩具有专门的储物箱，丈夫的文件和书籍都在书房，用完之后，他们都会主动把东西放回。"

"家里琐碎的事情那么多，需要用多少心思才能像您这样打理得这般干净整洁，您是怎么做到的呢？"史密斯太太继续追问。

罗太太回答道："面对琐碎繁杂的家务事，秩序是第一要务，只要维持好它们的秩序，一切自然都会变得有条理，不至于让你感到焦头烂额。"

史密斯太太一点即通，回家后开始照着罗太太的话去做，情况果然逐渐好转。过了一段时间后，还受到了丈夫和孩子的赞赏，她又找回曾经的自信和从容。

"穷忙"起源于英文单词"workpoor"，意指那些薪水不多，日复一日地劳苦奔波，却终究无法从贫困中挣脱出来的人，也指在某个领域付出努力后收效甚微，始终在某个层次徘徊。

故事中的史密斯太太属于生活中的“穷忙族”，面对家务事她像一只无头苍蝇四处乱撞，差点跌入“黄脸婆”的深渊。那么，不妨停下忙碌的脚步问问自己，你是不是自己所属领域的“穷忙族”呢？

每到夏天，解暑良方都会盛行一阵子：“天气越来越热，朋友推荐了三个解暑良方：‘第一，想想你喜欢的人，心凉了半截；第二，想想你的月收入，心拔凉拔凉的；第三，想想你的岁数，后背嗖嗖冒凉风。’我偷偷试了一下，刚刚查询了一下银行卡余额，然后我盖上被子，把电热毯打开了……”

这个看似调侃的段子是否也写进了你的心里？按道理说，身处职场每天都疲于奔命地周旋在工作和生活之中，收入不应该太低，然而每天不停地忙碌与银行卡账户中的数字的增长不一定成正比，大多数人都是越忙越穷。当你陷入上班、工作、下班周而复始的循环中，却始终入不敷出时，那么，你已经光荣地成了“穷忙族”中的一员。

面对越忙越穷的窘境，我们该如何摆脱呢？史密斯太太意识到自己“穷忙”后，第一反应是向罗太太取经，并且成功地取到了“真经”，使自己的生活变得忙而不乱。那么，职场中的我们是否也像史密斯太太“取经”前那样漫无目的地瞎忙呢？

有一位哲人说过：“没有目标的飞翔，哪个方向都是逆风。”所以，生活也好，工作也罢，只有目标清楚了，做起事来才有方向，有了前进的方向，才知道需要朝哪方面用劲儿，才能一点点地提高自己的业务技能，离想要抵达的地方更近一点。

像史密斯太太一样，有了清晰的目标后，还需要合理的秩序，这样不仅可以避免在一些无谓的事情上浪费精力，还能够节省下来更多的时间。而且在秩序的引导下，能够集中所有的精力按部就班地走好每一步，在最短的时间内，以最快的速度实现目标。

事实上，导致我们陷入“穷忙”状态与自身的执行力差也有很大关系。通常情况下，我们都能很顺利地确定方向，树立目标，但却在执行的时候出现了问题。好的执行力能产生事半功倍的效果，无限期地拖沓容易将自己推入万劫不复的境地。因此想要成功，就必须克服拖延，提高自己的执行力。

想要摆脱拖延，首先我们必须承认自己身上的不足，并从心理上认可。紧接着从行动入手，按照制订好的计划，准时地完成每一个环节，使其成为一种稳定的秩序。取得这个层面的成功后，等待你的就是史密斯太太的结果。

第4节　真勤奋还是伪勤奋

小陈是某高中的高三班主任，每到春暖花开的三月，临近高考百天时，小陈老师的心情都会随着同学们的学习情况或喜或忧，看着高考门槛前孩子们为梦想拼搏的身影，陈老师欣慰的同时也会有些许心疼。

作为一名高三班主任，指导学生们复习是陈老师的责任，高三这一年所有的风雨她都要陪他们一起度过。班上那些正值青春年少的孩子，每天的生活除了教室、老师、书本就是做不完的习题和接二连三的考试，看着他们日复一日地奔波在枯燥乏味的两点一线上，陈老师时常担心这些孩子会吃不消。

通过长时间的观察，陈老师发现班上有些孩子在学习上已经摸索到了一些技巧，再加上与生俱来的聪慧，游刃有余地周旋于考试与书本之间，每次在书堆里抬起头时脸上都挂着满意的笑容，而且不管是大考、小考成绩排名都很靠前。除此之外，还有一些孩子，每天都把头埋在书堆里，晚上放学后也经常在教室里挑灯夜战，甚至在宿舍熄灯后，还在被窝里打着手电筒学习，每天被学习折磨得面容憔悴，然而这些勤奋的孩子在考试中并没有取得与之相应的成绩，这是为什么呢？面对如此棘手的问题，陈老师陷入了沉思。“方法不对，努力白费！”这句话突然在她的脑海闪现出来，她决定在本周末晚自习开一个以“学习交流”为主题的班会。

在陈老师的引导下，班会开得非常成功。通过对比和总结在学习上游刃有余和在学习上“吃力不讨好”两种学生的学习技巧及效率，另外，陈老师还针对性地提出了一些普遍适用的学习方法，并鼓励同学们勇敢尝试。

一段时间后，通过学生们的考试成绩，陈老师发现那些对学习方法稍作调整的同学，成绩都有了一些提高。为此陈老师建议班上一些同学不要一味地狠学、死学，课下要经常交流学习心得，在交流中相互促进，及时调整自己在学习上的方法技巧，避免走入学习误区，浪费一些不必要的时间。

经过交流和自查，班上的大部分孩子都意识到了学习方法上的缺陷，也逐步作出了调整，效果也比较显著。即使有些同学没有明显的起色，但依然没有放弃，依然孜孜不倦地努力着。为了让孩子们沉着轻松地走向高考，陈老师时刻关心着班上孩子们生活或学习上的动态，并及时给予梳理和指导。

对此，你是否也想起了曾经的高考，那时你所在的班级是否也出现过平时看起来不怎么努力的同学，却总能在考试中取得好成绩。而那些时时刻刻在做习题、背单词的同学，考试成绩却不怎么理想。其实，学习也分为“真勤奋”和“伪勤奋”，那些在学习上游刃有余而且效果不错的勤奋是“真勤奋”，而那些在学习上“吃力不讨好”的勤奋则是“伪勤奋”。那么，我们该如何判定“伪勤奋”呢？

“伪勤奋”就是上文中那些平时看起来特别用功，学习成绩却很一般的同学。不仅是学生，职场上也有很多这样的人，他们习惯于靠虚假的努力来安慰自己，营造出自我感觉很勤奋的假象，时常在别人面前表现或者口头宣讲自己如何如何地努力，以此获取心灵上的安慰，但时间一长就会发现这种勤奋是徒劳无功的。

那么，“伪勤奋”有哪些表现呢？

以学生为例，主要表现为感觉自己学习时间很久，成绩却未见任何起色。比如，小 A 同学每天的睡眠时间只有 5 个小时，因为睡眠不足，他白天的学习效率很低，有时会不知不觉就睡着了。然而，考试成绩出来时，看着成绩单上那可怜的分数，小A却安慰自己说："我真的努力了，每天只睡5个小时。"时间一长，小A的这种情况就成了掩耳盗铃式的自欺欺人。

临近高考，面对铺天盖地的压力，H同学为了让自己问心无愧，在学习上表现得非常努力，利用课余时间，他一口气做完了好几本习题，并且复习了好多个专题。本以为这些努力会在接下来的考试中收到成效，没想到，在面对试卷上熟悉的题型时，H同学还是不知从何入手，考试成绩可想而知。诚然，H同学确实做完了那几本习题，也复习了专题，然而却贪多嚼不烂，对于解题的技巧和方法根本就没有掌握，说得难听点就是只图花架子，只是做得好看罢了，根本就没有吃透知识点，到头来也只是白费力气，瞎折腾一场。

那么，是什么原因导致了"伪勤奋"？究其根本原因，其一是学习方法不对，通常情况下，学生们会觉得如果自己不勤奋一些，肯定学不好，因而养成了勤奋的心态，却并没有掌握到合适的方法，结果只能事倍功半；其二是害怕老师、同学、家长们的评价，倘若自己不摆出勤奋、努力的姿态，就会给人留下无所事事、不务正业的坏印象，假使成绩再不能令人满意，就会背上懒惰、没上进心、败家子之类的坏名声。因此，为了周全自己的名声和获得心理安慰，他们就必须向别人证明自己很努力，不得不熬夜做大量的习题。

讲到这里，其实"伪勤奋"就是拖延的代名词。不管是在学习上还是职场中，为了掩盖自己的心虚和莫名的恐惧，多数人都会摆出一副很努力的样子。学习上的熬夜如此，工作中的加班加点更是如此，让自己始终处于忙碌之中，老师看见了会以为你是一个勤奋好学的学生，老板看见了会觉得你是一名尽职尽责、任劳任怨的好员工，毕竟在很多领导眼里，忙碌跟优秀是可以画等号的。

说到这里，想必大家会忍不住发问，如何摆脱这种"伪勤奋"呢？

很多情况下，倘若自己的勤奋没有换来应有的效果，那么我们就应该调整方法，耐心细致地做好每一步，遇到不会的地方就要向他人请教，事情做好后，要学会总结，建立完整的“知识体系”，从而使自己立于不败之地。

另外，我们还要学会正视现实，既然自己选择了熬夜加班或者拼命学习，那么就应该对自己做一个彻底的剖析，如自己的优势有哪些，什么是自己致命的弱点，如此才能扬长避短，使优势更加突出，弱点各个击破，由易到难，从而建立起强大的自信和面对现实的勇气。

第5节　所有的借口都是欺骗

读大学时，对文学情有独钟的何岩迷恋上一位黑龙江作家写的书，书里所描绘出的那种原汁原味的独属于东北的冰天雪地的场景，将他的整颗心都融化了。为此，刚进入大三的他下定决心，这一年无论如何也要到故事的原发地——漠河去看看。

转眼就到了暑假，何岩本可以趁着这段空闲去完成那场策划已久的漠河之旅，不巧的是，他报了考研暑期班，因此他不得不放弃梦想中的漠河之旅。为了抚慰愿望落空的失落心情，也为了给走在考研路上的自己加油鼓劲儿，漠河之旅成了何岩在考研后对自己的奖励。

漫漫考研路，何岩坚持了下来，他始终记得那场被延期的旅行。做梦他都想站在江边，怀想已消逝的冰排、鱼汛，想到祖国的最北边感受一下找到“北”的感觉，想实现深埋于心的“北极村的童话”。转念他又想到，考试刚过，结果还未出来，开学后就是自己的毕业季，到处都是用钱的地方。为此他再次放弃了那场说走就走的旅行，打算用这段时间做一些兼职，好为接下来的生活作准备。

寒假过后，年味已淡，重回学校的何岩手里也有了额外的积蓄，心想这个时候去漠河也是一种不错的选择，当他计划好一切整装待发时，指导老师又催他交毕业论文。他心里稍一衡量，还是毕业论文重要，大学四年最后那一纸证书在他心里的分量比出去玩重多了，毕竟以后还有的是机会，而大学的毕业论文却只有一次。因此，他再次舍弃了漠河之行。

正当何岩为论文忙得焦头烂额时，考研成绩出来了，以几分之差与报考的院校失之交臂，对此，他开始为以后的生活做打算。当他把论文搞定后，就马不停蹄地四处投简历找工作，完全没有一点多余的心思去顾及那场被延期的旅行。

功夫不负有心人，何岩顺利地毕业了，也顺利地找到了工作，只是工作和人际关系让还是新人的他疲于应付。初入职场，为了使自己早日熟悉工作环境及工作内容，何岩不得不加班加点，别人在饭桌前谈笑风生时，他却在办公室刚敲完最后一个字符，带着一身的忙碌融于苍茫的夜色中。在日复一日的忙碌中，那场被渐渐忽略的旅行成了压箱底的衣服，再也没有被提起。

一个闲暇的夜晚，何岩偶然路过一家书店时，短时间的驻足让他看到那本熟悉的书籍，记忆深处对漠河的丝丝向往涌上心头，他的唇边绽开了苦涩的微笑，洋溢着时过境迁的遗憾和身不由己的无奈。有些东西，一旦错过最好的时机，便再也找不回曾经的那份渴望了，也就没有再去实现的必要了。

何岩之所以没有在合适的时候进行一场说走就走的旅行，与其说是现实中的无奈，不如归结为他一味地拖延。倘若最初的时候，他下定决心不顾一切说走就走，那么他的漠河之行也不至于被拖成遥遥无期。即便是影响了他暑期的课程，只要他肯多费点功夫，一周的时间就能把所耽搁的课程补回来，更何况，那时距离考研还有半年。退而求其次，假如考研过后，他能暂时将毕业论文抛在脑后，去实现考研前许给自己的不管结果如何都奖励自己一场漠河之行，想必他也能如其所愿地顺利毕业，毕竟毕业论文的准备也不差那三五天。再者，如果毕业之后，他能够空出三五天，也能将搁置良久的梦做全。遗憾的是，他再次以现实为借口，将它拖延成了一场空，因此，年少岁月里的那份冲动早已化为记忆里未完待续的备注。

借口是拖延的温床，此话非虚。一次又一次地制造借口，使何岩屡试不爽；一次又一次地拖延，使何岩成了自欺欺人的专家。每次要付出行动时，他总是适时地找出一些借口阻止自己，并营造出无可奈何的假象，让自己在这种自欺中心安理得，沦为行动中的矮子而不自知。

大家都知道，寻找诸多借口是一种很不好的习惯，一旦养成找借口的习惯，我们在工作中就很容易拖拉，从而导致工作效率低下，也会造成沮丧等负面情绪的产生。周而复始的恶性循环中，我们不仅浪费了宝贵的时间，而且丧失积累经验的机会，以至于最后一事无成。

我们所说的习惯，是指某种行为、思想、态度在脑海深处逐步成型的一个漫长的过程，通常情况下它是在不知不觉中养成的。生活或工作中的借口大多是以避难就易为目的，因此这种坐享其成的被动很容易形成习惯，一旦形成了习惯，它就具有习惯本身的惯性，很难根除。因为它总会在潜意识里影响你，让你觉得不停地为自己找借口是理所当然的事，而且身处暂时的舒适和安全环境中的你根本意识不到它的危害，只会感觉到它的好，并且很享受这种“好”。当你意识到它的存在时，它已经顽强到足够与你所有的意志力相抗衡，深陷于好逸恶劳深渊中的你拿它也是完全没有任何办法的。

对付借口最根本的方法就是不让借口出现，尽量避免出现自己和借口对峙的情况。因为在事情开始时，我们脑中涌现出来的都是积极的想法，随之才会冒出消极的打算。一旦有消极的念头冒出，就容易打退堂鼓，因此也就出现了所谓的借口。一旦被借口纠缠，我们就很难抽身，因此在它还未出现之前，就要立即行动，将借口扼杀于摇篮之中，完美地执行便不再是梦！

【战拖箴言】

美国成功学家格兰特纳说过：“如果你有自己系鞋带的能力，你就有上天摘星的机会！我们无论在什么时候，都要记住自己的责任，无论在什么样的工作岗位上，都要对自己的工作负责，不要用任何借口为自己开脱或搪塞，完美的执行是不需要任何借口的……”

诚然，如格兰特纳所言，完美的执行是不需要任何借口的。所谓的借口，不仅是对自己的欺骗，更是对别人的敷衍，所以不管什么时候，不管做什么事情，我们都要学会对自己负责，对工作负责，做一个完美的执行者。

第6节　拖拖拉拉而不自知

“温吞水”是同事送给小刘的绰号，因为不管什么情况下，不管做什么事，他都是温温吞吞、慢条斯理的，尤其让人无法忍受的是，别人已经火烧眉毛了，小刘依然漫不经心地保持着龟速前进。久而久之，小刘就获得了如此“美称”。

工作上如此也就罢了，生活中的小刘更是如此，不仅让跟他住在一起的朋友精神上饱受摧残，而且严重影响到了他们之间的友情。初来这个城市时，小刘听说有两个好友也在此地工作，就相互约定在一起聚餐，几经交谈后，三人便决定住在一起，一是为了方便生活，二是为了联络感情。

因为之前没有一起生活的经历，刚开始住在一起时，家里面便弄得一团糟：菜没人买，饭没有做，卫生一个月不打扫一次。如此境况，三个人觉得住在一起，还不如分开的好。“一个和尚挑水吃，两个和尚抬水吃，三个和尚没水吃”的俗语成了他们生活中的真实场景。为了改变现状，他们对生活重新做了调整：集体做饭和轮流打扫卫生。

一番调整后，他们的生活环境得到了一些改善，可是轮到小刘值日时，又被打回了原形。其他人值日时，不等提醒都很勤快地把房间打扫得干干净净，而小刘呢，一周过了一半他才意识到轮到他值日，直到周五才开始打扫卫生间、厨房，到了周日晚上，才把客厅收拾好。小刘值日周的表现虽然很被动，但他的两个朋友还是接受了小刘的“不知情”。

不知不觉，又轮到了小刘值日，为了让房间能够得到及时的打扫，也为了避免一些不必要的麻烦，与他同住的两个朋友周一就对他进行了委婉的提醒。令人不解的是，周一晚上小刘却没有任何举动，他们只好将希望寄托在第二天。但到了周二晚上，家里的地面脏乱依旧。等到周三，其中一个朋友实在忍不住了，就对小刘进行了第二次提醒，小刘很不耐烦地回应了一个轻飘飘的借口——我忘了。等到周四，小刘还是无动于衷，朋友忍无可忍，直接将他推到了卫生间，并将打扫工具放在了他面前。没想到，小刘却嫌弃拖把太脏，只是象征性地洗了洗拖把，就转身回房间了。

面对小刘的温温吞吞，二人实在是拿他没办法，想着周六晚上他总能把房间打扫干净吧。可到了周六晚上，洗好的拖把也干了，也没味道了，然而小刘却丢出来一句“今晚，我要加班”后就关上了自己的房门。同样是到了周日，小刘才草草地把家里收拾了一下，他的两个朋友对他的这种“慢动作”已是无奈透顶。

第三次轮到小刘值日时，拖延成习惯的小刘完全没意识到自己的问题，依旧是我行我素。他的两个朋友见他对家里的卫生问题丝毫不上心，已经萌生了与他分道扬镳的打算。或许真到无可挽回的时候，小刘才会如梦初醒吧。

就像上文中的小刘，拖延久了就会成为习惯。很多时候都是下意识地拖到不得不做的时候才去执行，可怕的是，深陷其中却并没觉得有什么不妥，甚至很享受这种自我感觉良好的状态。但是，当你意识到它的存在时，它已经成了你生活和工作中绕不过去的难题。面对错失的机会，手忙脚乱的生活，你会忍不住自暴自弃，怨天尤人。那么，是什么原因让我们养成了做事拖拖拉拉的习惯呢?

其一是避重就轻，即逃避需要花费力气完成的事。很多时候，我们处理事情通常不是依据其重要程度来决定轻重缓急的，而是依据个人喜好来决定的。

如把自己乐意做的排在前面，厌烦的排到后边，甚至往后推，往往会超过最后期限。

其二是时间观念太差。对时间没有清楚的认知，处理事情时也没有秩序可言，不知道自己在特定的时间该做些什么，无端造成时间的浪费，又不愿正视时间的流逝，以至于陷入自怨自艾的恶性循环中。

其三是本身的惰性。对小刘来讲，打扫卫生根本算不上一件很难完成的事情，只要稍微肯花点力气就能搞定，然而习惯“慢动作”的他总有借口拖延，这恐怕是懒在作怪了。懒的先例一开，就容易形成习惯，遇到事情则能拖就拖。

还有一种原因，就是缺乏计划。“穷忙族”就是如此，每天看起来都很忙碌，然而却说不上来究竟在忙些什么，到最后该做的事情都没有及时完成，久而久之就容易养成“眼睛一睁，忙到点灯”、做事没有条理的恶习。

出现了问题，我们就要想办法解决。面对不想做的事情，可以尝试着先做一点。迈出第一步后，会发现事情并没有想象中那么难，接下来只要坚持下去，就能达到“积跬步以至千里”的结果，这样我们也会从中收获一些自信。多经历几次这样的过程，拖拉程度就会慢慢减轻，拖延的可能性也会降低。

之所以对某件事完全提不起兴趣，多半是因为它耗去了我们太多的娱乐时间。小刘之所以迟迟不肯打扫家里的卫生，就是因为他觉得与其花一两个小时打扫卫生，还不如用这些时间看一场电影、看几集电视剧、看一本自己喜欢的书等。因此，要解决此类问题，应该事先为自己分配出一些娱乐的时间。工作一段时间后，给自己一个放松的机会，如每周去打一次高尔夫球、带着家人去附近风景优美的地方来一次郊游、陪孩子听一场音乐会等。这样做，就不会感觉自己的休闲时间被剥夺了，相反会觉得被剥夺的是工作时间，长此以往，工作的动力就会慢慢地提高，拖拉的习惯也会渐渐消失。

倘若你在学习和生活中出现了因上述因素而没能及时完成任务的情况，就要意识到多半是自己做事过于拖拉的缘故，对此，只要选择与之相应的解决方法，及时作出调整，就会避免更大的损失。倘若再次轮到小刘值日时，他能意识到自己做事拖拉的方式已经对朋友造成了糟糕的影响，并能按照约定及时打扫，或许就能让朋友重新接纳他。倘若他依然我行我素地拖拉下去，等待他的将是分道扬镳的结局。

第7节　火烧眉毛才办事

这是一个发生在国外的故事。在国外的某个城镇，有个叫约翰的人，在一家铁路公司做司闸员。约翰性格宽厚温和，整天都是一副乐呵呵的样子，不仅跟同事相处得很融洽，而且很受旅客的欢迎，一直以来，他都是大家的开心果。

诚然，脾气好、敦厚乐观是约翰身上特有的优点，与此同时，他身上还存在一个致命的缺点——拖延。不管遇见多大的事，他都是松松散散的姿态，对身边发生的一切都毫不在乎。当有人提醒他小心身边随时可能降临的危险时，他则是以满不在乎的语调回应道："不要虚张声势，就算真有危险，也没什么大不了的！"

没过多久，约翰所表现出的满不在乎的拖延，就给他带来了无法估量的损失。某天晚上，风雨大作，正准备出站的火车因为这场大风暴的侵袭，引擎出现故障，抛锚在轨道上。面对突发状况，全体工作人员都紧张起来，并迅速采取了应急措施。这件事还没处理完，他们又收到了有一辆快车即将进站的消息，不巧的是，快车行驶的车道恰好是抛锚火车所占据的轨道。这个时候，必须马上打出信号灯，提醒即将进站的火车，才能避免发生意外。

万分紧急的情况下，列车长即刻命令约翰马上发出信号。收到指令后，闲散惯了的约翰并没有立即执行，他认为大家过于夸大其词，情况根本没有严重到这种地步，因此，他并没有把这件事放在心上。他一如既往、磨磨蹭蹭地穿好外套，慢吞吞地提起灯笼，拿起口哨，步态悠闲地走出了工作室，不紧不慢地伸了个懒腰。

接下来发生的悲剧让他伸了一半的懒腰戛然而止，由远及近的汽笛声使他真切地感觉到了危险，提着灯笼的他还未跑到拐弯处，那列快车已以迅雷不及掩耳之势迎头撞向了抛锚的火车，一时间，整个车站乱作一团，火车的撞击声、乘客的哭喊声、工作人员凌乱的脚步声此起彼伏……

待一切归于平静后，约翰失踪了。后来当人们在一座废旧的谷仓中找到他时，发现他已经疯了。只见他举着那只空荡荡的灯笼，对着四周冰冷的墙壁嘶喊道："看到了吗？我有这个，我有这个！"然而，无论他如何喊叫，那些在事故中惨死的人也无法生还了。

拖延在我们的生活中司空见惯，大多数人都有这样的经历，当清晨的闹钟把你从睡梦中叫醒，你在潜意识里会不断地告诉自己：该起床了！转念之间你又会告诉自己：再睡一会儿……就这样，你败给了被窝里的温暖，满心不安地在被窝里多躺了几分钟。遇到事情时，我们总会习惯性地对自己说："不急，还有时间，待会儿再做也无所谓。"这种不好的习惯，总会将事情拖延到火烧眉毛的地步，但到了此时就容不得有半点差错，因为稍一迟疑就是一败涂地，约翰的故事就是一个很好的教训。

拖延是一种很坏的习惯，主要表现为做事懒散，喜欢把今天该完成的任务找各种借口拖延到明天。对于渴望成功的人来说，拖延极具破坏性，不仅能够使人丧失进取心，而且会让人自暴自弃。拖延一旦有了第一次，就很容易有第二次，紧接着会成为一种根深蒂固的习惯。

借口和托词是说服自己拖延的最好理由，也是让自己懒散的幌子。因为你心存拖延，所以当你处理事情时，会预先为自己找出无数个失败的理由，却很难找出一个成功的支点。因此，失败时，总会觉得理所当然，跟自己的拖沓没一点关系。

拖延是一种对自己不负责的行为，亦是对生命的挥霍。因为这类人是找借口的“专家”，所以无法接受任何承诺。倘若工作或生活中的你也是一个制造借口的能手，那么就应该好好反省自己，停止那些无谓的解释吧。因为在不知不觉中，它已经消耗了你太多的时间。

懒散所导致的拖延，也有惰性因素的存在。每当我们完成任务需要付出一定的劳动，或者作出某些抉择时，都会为自己找一些偷懒的借口，从而让自己更加轻松和舒服。火烧眉毛的时候，才意识到浪费了太多的时间，关键时刻又无从下手，最终使自己成为彻头彻尾的失败者。

一味地拖延是对惰性的纵容，形成习惯后就会危害巨大，无形之中它会消磨人的意志，对自己失望透顶，进而对自己的能力和目标产生怀疑。久而久之，就会使自己的性格变得犹豫不决，拖延的程度也会随之加深。

处理事情时，适当的谨慎是必要的，但谨慎过度则是优柔寡断的表现。很多时候，我们明明可以立即行动，却因太过谨慎而裹足不前，不得不与自己的惰性展开一场拉锯战。拖延成习惯后，我们善于为自己找各种借口，却无法将工作做好，尤其是在为拖延付出代价之前，我们总会固执地认为，拖延一下也没关系。

生活中不乏这样的人，不管遇到什么事都犹豫不决，找人商量后又对别人的意见不放心。不仅浪费了自己的时间，而且耽误了别人的工夫。开头的优柔寡断，会在做事情的过程中不断消磨你的士气，甚至把你拖垮。因此，一旦与拖延沾上边，就很容易拖垮自己，甚至拖掉别人的机会。

故事中的约翰，就是因为习惯了松松散散的生活，觉得拖延、懒散不是什么大不了的事，所以没有任何的危险意识，但等到火烧眉毛时，不仅错失了最佳时机，而且造成了无法挽回的灾难。因此，为了避免这种情况的发生，我们最好不要将事情拖到最后关头，该出手时就出手，抓住每一次成功的机会，冲破拖延的束缚。

克服拖延，刻不容缓。要下定决心将它从我们的生活中彻底根除，不再给它啃噬你意识的机会，如此才能离成功更近，才能收获更好的人生。用最大的努力，摆脱“火烧眉毛”的纠缠，做最好的自己，享受梦寐以求的成功。

第三章

拖延家族的成员

“拖拉斯基”的家族成员有哪些呢？有的人在“瞎忙”，有的人把拖延变成了生活方式，有的人经常在最后一天开始忙碌，还有的人说拖延者都是处女座。他们拖延的深层心理因素是什么？

第1节 以拖沓为生活方式

周一走进办公室刚坐下，刘明就看到了桌角那堆创意方案的相关资料，气不打一处来地抱怨：“烦死了，没完没了的，还让不让人喘口气。”起身冲了一杯咖啡后，刘明意犹未尽地补充道：“唉，忙完这个，肯定又要忙下一个，什么时候是个头啊！”

在发过牢骚后，刘明开启了自我安慰模式：“既然没人心疼我，那我就自己心疼自己。这个创意方案半个月绝对能搞定，现在还有将近一个月的时间，刚好可以趁这个时间放松放松。再说了，做创意方案是需要灵感的，急也急不来。”于是，刘明心安理得地放松起来。

距离截止日期只剩一周时间的时候，刘明才开始着手做创意方案。虽说这种事急不得，但一周的时间也能轻松搞定，然而放松成瘾的他却还是在为自己找各种借口：灵感是创意方案的灵魂，是最为重要的一环，而处于核心地位的灵感在放松的时候才更容易产生。所以，我要尽可能地让自己处于放松的状态。

为了缓解放松时的愧疚，刘明用各种名人故事安慰自己：若不是树上的苹果落地时砸到在树下发呆的牛顿，他未必会发现万有引力；伽利略若不是在教堂做祷告时走神，看到头顶上的吊灯像钟摆一样来回晃，用自己的脉搏跳动的次数计算出了吊灯的摆动周期，“脉搏计”或许就不会问世；倘若瓦特一味地在实验室工作，就不会发现厨房内蒸汽顶开壶盖的现象，蒸汽机的发明就会推迟……所有的一切都在证明着一个道理，放松才是王道！

在以这种“拖延”为借口的放松中，时间不知不觉地溜走。终于到了最后一天，在刘明的规划中，一天的时间足够他将前一段忙里偷闲时零零碎碎的酝酿串联出一套创意方案，有了这种想法，刘明很是淡定地在办公室晃荡了一个上午。

吃过午饭后，时间只剩下了半天。这个时候刘明依然处事淡然，擅长安慰自己的他开始善待困倦的眼神，赏给自己一场午休。当他睁开惺忪的睡眼时，已是下午一点。然后他不紧不慢地找出项目资料，像模像样地研究起来，试图将自己先前的那些酝酿穿插进去，却始终找不到合适的途径。

一个小时后，刘明终于失去了耐性，再也不愿看一眼这种费脑子的资料。他停下来，悠闲地喝了杯绿茶，情绪有所好转，午后的阳光勾起了他享受时光的念头，想到这里，他的心头涌现出跃跃欲试的喜悦。

短暂地放松后，费了九牛二虎之力说服自己策划创意方案的刘明，很快投入设计的各种细节中。恰在此时，接到了部门领导开会的通知，刘明停下手中的工作，带着计划被打断的不满走进了会议室，两个小时后才走出来。

再过半个小时就要下班了，可刘明的创意方案才完成了一半，他又不愿意加班，只好把资料带回了家。晚上，球赛、精彩的电视节目、新开发出的游戏相继攻破了刘明的意志力，凌晨时他还沉浸在打怪升级的游戏中无法自拔，未完待续的工作再也无法进入他的视线。

在拖延的诱惑下，刘明越陷越深，潜移默化中拖延成了他的生活方式：不管做什么事，他都会习惯性地挑最容易的做，等到该做最重要和最困难的部分时，就会找各种理由拒绝，美其名曰“放松”，实则是拖延。

刘明这种“以拖延为生活方式”的习惯，在我们身上或多或少地都有体现。读书时，我们以为青春很远，岁月很长，因此挥霍起来肆无忌惮，直到离开校园，才发现书上的知识没有学会，该看的书没有翻开，错失的表白没有机会重来。跌跌撞撞一路走来，我们终于明白时间是一辆单程车，只能一路失去却无法回返，明白了“书到用时方恨少”也是枉然；工作时，我们总以为有大把大把的时间，无限的精力，因此不惜用掉大量的时间来逛论坛、刷微博、看视频，等到该工作时却已经下班，于是白天的事被拖到了晚上，晚上的事被拖到了以后。火烧眉毛时，才意识到事情的严重性，在“悲催”中后悔不已。

一次次地拖延，一次次地立志，一次次地食言，使自己越来越一事无成，与别人的差距也越拉越大，在自暴自弃中又绝望又伤感。夜半梦醒时，你会忍不住问自己：“如果，很多事在第一时间你都去做了，没有一丝一毫地拖延，没有过多地浪费时间。那么，现在的你会在哪里，你的人生又会达到什么样的高度？”

往者已逝，来者犹可追。当你意识到拖延已成为你的生活方式时，就应该明白：拖延是人生最大的窃贼，不知不觉中，它偷走了你的热情，偷走了你的机会，偷走了你的梦想，偷走了你的自信，甚至扼杀了你的爱情，磨灭了你的精神。在它的一路“打劫”下，你的生命成了一具弃之不可惜的空壳。

其实上文中的刘明比谁都清楚，以拖延为生活方式压根儿就不是什么好事，在截止日期前一刻把事情赶完，整个人就像经历了一场死里逃生。这种“伪快乐”的刺激和劣质的“高效率”让他想再次尝试一下侥幸带来的刺激性冒险。然而，这种侥幸未必会时时降临，让你刚好能够在期限内将事情搞定。就像刘明，一步之晚，没能在限期内完成策划方案，明日等待他的，不知是怎样的风暴。

拖延这种事，我们知道是一回事，做到却又是另一回事。工作上一次打擦边球的侥幸，会让你自信心爆棚，进而期待下一次的侥幸。偶然的失败，不会让你怀疑自己的处事方式，只会让你迫不及待地在下次挑战中扭转败局……当你意识到时，拖延已经成为你的生活方式，你已经到了不得不有所改变的时候。

摆脱拖延，从改变开始，坚持每天改变一点点，就会渐渐脱离拖延的怪圈！

【“战拖”箴言】

“我们一直推迟我们知道最终无法逃避的事情，这样的蠢行是一个普遍的人性弱点，它或多或少都盘踞在每个人的心头。”英国作家塞缪尔·约翰逊如是说。

第2节　从何时始到何时止

天色向晚，习习晚风中，豌豆轻啜了一口手中的咖啡，细细品味着不久前与陈旭的那场谈话，不知不觉陷入了沉思……

豌豆和陈旭是发小儿，这些年因为工作和学习不在一处，联系很少。但近来得知彼此在同一座城市，二人不约而同地萌生出小聚的想法，一个电话就将呼之欲出的约定落到了实处。

因为有青梅竹马的曾经，多年未见的他们，再次见到彼此时并未有丝毫的陌生。二人在咖啡店落座后，开始倾诉这些年生活中缺失彼此的空白，讲述着生活中的各种如意和不如意的大事小事，攀谈着工作上的种种困惑，犹如孩童时期帮着对方出谋划策。谈到拖延时，豌豆欲言又止。作为一位资深的“拖拉斯基”，她既想让陈旭帮自己出主意，又不想让他看到自己糟糕的生活。

了解豌豆脾性的陈旭，面对她的欲言又止，并没有表现出很着急的样子，而是在冬日温暖阳光的包裹下，用勺子安静地搅拌着杯中的咖啡。没能忍住的豌豆，在咖啡散发出的淡淡清香中，开始诉说拖延对她的生活造成的深远影响。

豌豆在一家设计公司上班，最近不管是身体状况还是精神状况，都糟糕到了极点。每当接到设计任务后，都会习惯性地夜夜失眠，早上睁不开眼，上班时头昏脑涨，本想着下班后把落下的工作补上，谁知下班后又不想动弹。陷入恶性循环的豌豆，越发地手足无措，精神也越发焦虑。

为了改变这种状态，她也曾做过一些努力，然而却总是败给恼人的拖延。

比如，上周公司安排她做一份设计图出来，昏昏沉沉了一周的豌豆决定利用周末将设计图做出来。早上不到六点钟，她就洗漱完毕，坐在电脑前琢磨着该如何进行，七点半的时候她觉得肚子饿了，就为自己做了一顿早餐。为了不浪费时间，她边吃饭边放松，顺手点开了一直想看的那部电影，觉得那里面可能会有自己需要参考的东西。

在豌豆的放松中，这顿早餐吃了两个小时。看电影的时候，她内心也挣扎过，一个声音在提醒她："赶紧去干活吧，这种电影对设计没任何帮助的！"另一个声音却在引诱她："看电影也是为了工作，又不是纯粹的消遣，说不定下一个场景就是你梦寐以求的设计背景。"在两种声音的争执中，豌豆这场奢侈的电影看得心神俱疲。

收拾完碗筷后，豌豆觉得一阵头疼。一心想着工作的她，昨天晚上没睡好，今天又起了个大早，此刻整个人都困倦起来。是继续工作，还是先回床上躺一会儿呢？在这种纠结中，豌豆心不在焉地盯着电脑屏幕，头痛得难以忍受时才躺回床上。

当她醒来时，已是夜幕降临，在没开灯的房间里，豌豆感到一种无可救药的绝望。不知道该如何承受未完成任务的挫败，也不知该如何摆脱拖延衍生出的自责和折磨，甚至不知该如何继续接下来的工作。

听完豌豆的叙述，陈旭点燃了一支烟，在渐渐散开的烟圈中讲了这样一段话："战胜拖延，很简单，也很难。你把问题想得简单了，它就简单了，相反你把问题想得复杂了，它也就困难了。从明天开始，从落满尘土的书柜中取下那本你想读却一直没时间读的书，坚持每天看一个小时，那么一周之后你就能将它读完。顺利完成这件事后，你再将这种方法运用到你的工作中，过不了多久，你就会看到改变，而且这种改变是令人欣喜的。很多事，怕的不是慢，而是拖延，一旦你迈出第一步，拖延就会离你越来越远！"

一语惊醒梦中人，杯中的咖啡饮尽，豌豆决定明天要做出真正的改变！

故事中的豌豆是幸运的，在被拖延推着往前走的洪流中，能够认清自己的处境，同时有人及时点醒她。倘若一味地任其发展，最后很有可能患上焦虑症或抑郁症。研究表明，当我们压力很大时，神经系统会分泌出肾上腺素和皮质醇等激素，压力消失后，身体则会恢复常态。若是持续性的压力过大，这种激素出现后又会迅速消失，身体失去激素的保护后，则会出现一系列的问题，如血糖升高、神经性失眠、自我修复能力减弱等。

豌豆的"从何时始到何时止"的拖延，属于"瞎忙型"拖延。这种人的表现通常是，一接到任务，就马不停蹄地去做，以至于连吃饭、睡觉、娱乐的时间都没有，有时甚至恨不得一个人当成两个人用。然而，实际情况是这样吗？答案是否定的，这种人像陀螺一样不停地忙碌着，然而做起事情来却毫无重点，逮到什么做什么，早该完成的事情迟迟没做，不该插手的事情却做得十分到位。看起来似乎全世界属她最忙，实际上却没创造什么价值，甚至造成资源浪费。

对豌豆来说，最糟糕的不是瞎忙，而是这种"瞎忙型"的拖延与她形影不离。就像周末，本来斗志昂扬地要把设计图做出来，却因太过焦虑造成精神不济，还很难投入工作中去。肚子在"抗议"，紧接着又被一场久违的电影诱惑，最后在内心痛苦的挣扎中精疲力竭，躺在床上一休息就是一整天。长此以往，工作和生活肯定会涌现出各种问题让她应接不暇。因此，豌豆真正要面对的不是工作产生的焦虑，而是积极地解决焦虑产生的根本原因。

不得不承认，适当的紧迫感能够使我们快速地完成任务。然而事情拖到火烧眉毛时，就需要承受巨大的压力，在这种情况下，不仅会消耗比平时多几倍的心理能量，整个人也会陷入焦虑和担忧中。即便事情能够顺利完成，也会觉得像是经历了一场生死，所以，在结果出现之前，就会害怕短时间完成的任务存在失误。

拖延不仅是一种处事风格，同时是一种习惯上的顽疾。拖延成性后，无形之中就会成为一种行为模式，而这种长期形成的恶习，即便你意识到了它对工作和生活造成了恶劣影响，想要立志做出一些改变时，但常常会因为它过于顽固，而无法轻易摆脱。若想从拖延的怪圈中挣脱出来，非下一番苦功夫不可。

第3节 拖延者是处女座吗

高敏是一家上市公司的销售副总监，周一她走进办公室，刚打开电脑，就有一封星级邮件弹了出来。为了筹备新产品发布会，领导让她在本周内做出一份新产品的企划方案，周末总结会上领导层将对其进行专门的讨论。

“企划方案”四个字映入眼帘时，高副总监不由得头皮发麻，还未试水的新产品只给一周时间，如何做出尽善尽美的企划方案？！想要做好这份方案，首先要联系市场调研部，便于第一时间掌握市场调查的资料，必要的情况下还要亲自跑市场，并进行资料的搜集和数据的处理，整个过程中不能出现丝毫的差错……

工作上，高副总监有一则至高无上的信条：要么不做，要做就要做到最好！在如此短暂的时间里，让有完美主义倾向的处女座做出一套企划方案，是一件多么残酷的事情！不算周五，满打满算只有四天的时间，市场调研至少需要两天，收集资料和分析数据也得两天时间，还有一些后续工作需要处理，将一个人掰成两半还差不多！

即使用尽全力，事情也无法做到尽善尽美，胡乱应付又不是她的风格，事情做一半放在那里对她来说，更是致命的煎熬。这该如何是好？盯着电脑屏幕上的光标，高副总监陷入了深深的忧虑，直到下班，她也没有做出坚持还是放弃的决定。

“怎么办呀，怎么办呀？”四天过去了，在完美主义的胁迫下，不肯将就的高副总监还在纠结着做还是不做：做吧，不符合自己的原则；不做吧，是对领导的不服从。面对没有任何进展的企划方案，高副总监一筹莫展地坐在椅子上。

“事到如今，需要做出来点东西才行呀，明天就要开会讨论了，总不能攥着俩拳头去吧。”尽管高副总监的原则再强硬，她也没有跟领导公开叫板的勇气，权衡过后只能“委曲求全”，着手整理明天开会所需的材料。

其实，在高副总监接到任务的同时，王副总监也接到了同样的任务，两人的态度却截然不同。在高副总监左右为难时，王副总监已在第一时间去寻找相关资料，并积极联系市场调研部，让其提供现有的数据，紧接着开始策划一份简单的企划方案。看着忙碌的王副总监，高副总监却不以为然：“不做，也比做成她那样要好！”因为王副总监粗枝大叶的毛病总是使她的报告死在沙滩上，也因此经常遭到领导的训斥。

第二天下午开会前，高副总监匆匆忙忙为报告资料结了个尾，打印出来后就带进了会议室。而王副总监在前一天已经将各种资料整理完毕，开会前还给各位领导分别打印了一份。最终，高副总监追求完美的方案因为缺乏数据的支撑，被领导弃之不用。相反，王副总监搜集到的市场调查资料非常全面，使这场方案研讨会开得非常成功，她也破天荒第一次受到了领导的表扬。

显而易见，高敏的拖延不是因为懒，而是因为过于追求完美，希望取得她想要的成功。这种人经常会将大量的时间花在搜集资料和一些琐碎的细节上，因此总是觉得时间不够用。之所以这样，是因为他们害怕失败，不允许自己出一点差错，以至于计划总是赶不上变化。在完美主义的牵绊下，他们的恐惧和担忧往往比别人多一些，摆在眼前的任务困难度也会跟着无限变大。

因为对自己要求过高，接到任务时，高副总监在时间紧迫的情况下，不知道该不该开始。为了让自己从这种烦躁的情绪中脱离，在压力面前她就会选择逃避，宁愿什么事情也不干，也不愿在预期内做根本无法完成的任务，于是抱着逃一天算一天的态度往后拖延。

高敏的失败与其归结为拖延，不如说是性格上太过要强。她接到任务的第一反应是，如何将营销策划案做得完美无缺，可是到最后，她拿出的方案却无比糟糕。这是为什么呢？归根结底是高敏对失误和缺点的零容忍，而这种习惯不是一蹴而就的，可能是小时候别人对她总是有过高的期望，导致她不管大事小事都会全力以赴，认为只有圆满地完成任务，才会得到自我肯定和别人的认可。久而久之，这种习惯就溶在血液中了。

当然，没有谁会觉得将事情做得圆满、漂亮是一件坏事，恰如其分的完美有助于事情的成功。俗话说，月圆则亏，如果要求太过完美不仅于事无补，而且还会阻碍任务的完成。试想，倘若一个人整天生活在“完美”中，日子将是怎样的刻板与无味，说不定还会因为这种完美而痛苦。

对事情要求太过完美，其挑剔程度就是苛求，因此完美主义拖延又被称作“苛求型”拖延。他们总希望事情达到最理想的状态，若出现丝毫差错，就会推倒重来。好比摘抄某篇自己喜欢的文章，不小心写错了一个字，一般人都会直接划掉或者使用修正液涂掉，而“完美主义”者宁可撕掉一整页重写，也不愿留下丝毫瑕疵。如此，自然花费比别人更多的时间，某些情况下也无法取得自己想要的成果。

高敏就是想要达到完美的结果，却碍于时间限制，兀自纠结，在不得不做的情况下只好草草了事。不得不说，高敏这种“完美主义”者在追求完美上太过刻意，过于吹毛求疵就是跟自己较劲，长此以往，不仅工作上状况百出，生活中的障碍也会层出不穷。如此为难自己，何必呢？

当你的工作或生活陷入“完美主义”的泥沼时，要学会看淡结果，时时告诉自己“先不管成败，把事情做完”再说。等事情完成后，再用多出来的时间去完善细节。长此以往地坚持下去，就能克服“完美主义”造成的裹足不前。

【完美主义的病根】

美国哈佛大学心理学教授塔尔·班夏一针见血地指出了“完美主义”者的病根：“完美主义者会将人生这趟旅程想象成一条笔直道路，只将焦点放在最终结果，不懂得在朝目标前进的过程中享受乐趣，因此往往负面看待所遭遇的状况，认为所有事情非黑即白，小小的失误也会被认定为失败。对失败的极度恐惧，使他们不敢尝试新挑战与新冒险；所以与其去尝试某件事，他们会选择先将事情搁置，并以此为由放任自己懒散。”

第4节　“拖拉斯基”的拖延心理

郭敬明的小说《小时代1.0折纸时代》中，专栏作家周崇光是当时红极一时的热捧人物，林萧是轰动上海的顶级公司——M.E执行总监的助理。林萧的工作计划中最重要的一项是，周六早上拿到周崇光的文章并交到公司，而且要让公司的文字编辑完成三次校对，并且保证下班之前美术编辑能够完成排版，周日务必完成最后一道工序，即将文章送到菲林公司制版并送去印刷。

周六，林萧睁开眼睛就给周崇光打电话，并且保持以每小时一个电话的频率催稿。林萧打过去第一个电话时，里面传来周崇光懒洋洋的声音：“放心啦，没问题的，一个小专栏嘛。”按照固定的频率拨通电话时，收到的都是同样的回复。在林萧“连环夺命call”的催逼下，周崇光终于妥协，表示晚上七点交稿。

完成三次文稿的校对工作对文编来说，需要花费很长的时间，而且排版亦需要花费一些时间。以周崇光定的交稿时间来看，公司的文编和美编今晚必须加班了。算了不管这么多了，只要能拿到稿子就好，林萧只好这样安慰自己。然而，林萧漫长的等待并没有换来周崇光按时交稿。

明明说好的最迟晚上七点交稿，可是林萧的邮箱里始终没有任何周崇光的邮件。反复检查各种社交软件，都没发现他的只言片语的留言或其他信息。当她再次拨打周崇光的手机时，里面传来的却是“对不起，您拨打的电话已关机”。当她千方百计搞到周崇光家座机号码拨打时，却无人接听。

忍无可忍的林萧，怒发冲冠地向周崇光家奔去。半个小时后，她来到了苏州河边上的高档酒店式公寓。按响1902号房间的门铃后，开门的正是让她气得牙痒痒的周崇光，见到真人后，林萧使尽浑身解数来催稿子，甚至以帮他收拾房间为由来委曲求全。当林萧搞定一切后，躺在床上的周崇光很不负责任地说："不想写，写不出来。"就当林萧已经做好最坏的打算时，周崇光不紧不慢地递过来一个笔记本说道："上面有我写的一篇文章，手写的，你们如果想用，就拿去发专栏吧。"

看着林萧急急离去的背影，周崇光丢下一句："代我转达宫洺，下个月开始，专栏我不写啦。"林萧刚想开口反问，周崇光说出了酝酿良久的台词："我得了胃癌，医生叫我休息。"回到公司后，林萧手上笔记本里的文章也没派上用场，这样的结果，不知是不是周崇光始料未及的呢。

小说中的周崇光虽生于富贵之家，却被严格管制，因为不够优秀，从小到大都是被忽略的一个。为了得到肯定，他也曾努力想做出一番成绩，却始终不被看在眼里。久而久之，就有了自暴自弃的心理，慢慢地想从那种环境中逃离出来。成年后，在作家光环的支撑下，他的内心开始变得很叛逆。为了不再受控制，对任何强制性的规则他都有所抵触，这种抵触在工作和生活中以拖延的方式呈现出来。

从事专栏写作之初，周崇光对什么时候交稿已心知肚明。倘若他提前半个月开始写，也就意味着他的写稿工作将持续两周，甚至中间还会出现改稿和推翻重来的状况。所以他宁愿尽可能地往后拖，而且前面那两周的时间还可以自由支配。

随着事态的发展，情况并不像他想得这么乐观。等到最后一天，他并没有如期完成稿子，别人催上门时他依然毫无头绪。一会儿玩游戏，一会儿睡觉。甚至拿“得了癌症”的借口来逃避写稿。林萧失望地离开时，心有愧疚的他才不得不拿出先前手写的日记来充数，即便如此，也无法掩盖他拖稿的事实。

我们都知道，拖延是一个很不好的习惯，到头来不仅使自己一事无成，而且会殃及旁人。如此害人害己的坏习惯，我们是不是应该对拖延者避之不及呢？对于那些“拖拉斯基”们，我们不应该先忙于责怪他们，而是要先弄清拖延的本来面目，除了简单的时间管理和自控力问题外，拖延还有更深层次的心理因素。

小时候，被长辈们一次又一次地否定后，周崇光对结果有了恐惧心理，害怕失败，害怕别人说自己不行，更怕自己认可别人的说法。因此，做某件事之前，他总是躲躲闪闪，即使开始做了，也会下意识地拖延。这样即使事情做不好，他也不会怀疑自己的能力，甚至可以对别人说自己“不行”之前，用行动说明“不是我做不好，只是我不想做罢了”的态度。与此同时，这类人也很怕成功，害怕获得成功后会被别人评价“干得漂亮”，那么，这之后的表现稍微有一点差池，就会显得自己很不堪。

周崇光这种恐惧和对强制性规则的抵触，就是拖延深层次的心理因素之一。他的这种性格倾向是从小就深植于心的，而且也不受控制。虽然当红作家的光环让他有了任性的资本，但从而也使他在拖延的怪圈中越陷越深。

随着对拖延更全面地了解，我们不难发现，“拖拉斯基”们不仅不是“十恶不赦”的，甚至是很“无辜”的。因为他们才是首当其冲的受害者，他们比谁都想摆脱拖延，然而却无法脱离深层次的心理因素的操控。

【拖延的深层心理因素】

1. 完美主义。凡事总会要求尽善尽美，不允许出现丝毫差错，既不愿匆忙开始，也不想胡乱应付，对成功有完全的把握时才着手去做，因此会浪费掉许多不必要的时间。

2. 隐蔽的攻击性——抵触。由于受生活环境或某些人的影响，对一些强制性的规则有一种习惯性的抵触心理，不愿意按照所谓的规则和恼人的指令去做事，索性以拖延的方式来作为消极的抵抗。

3. 颓废厌倦。任务太过繁难，只是看各种要求就觉得很累，对任务压根儿提不起兴趣，厌倦感一袭来就会忍不住地抱怨：公司有那么多人，凭什么把这么难的事情交给我，持续不断地为这件事劳心费力，让人怎么忍受？发完牢骚后要性子，本人这会儿不开心，今天就是不想做，反正后面还有那么多的明天，在甩手不干中拖延了一天又一天。

4. 自卑。因为之前一次又一次的失败，接到任务后就会怀疑自己的能力，在自卑感作祟下处理事情变得畏首畏尾，不自觉地在拖延中负隅顽抗。偶然取得成功，也会将其归结为运气。

第5节 忙碌的是最后一天

上学时，井景是一个贪玩的孩子，课堂上从来不认真听讲，每天都喜欢捣鼓一些古怪的东西，一个人玩得不亦乐乎。不知不觉中，一学期就在他的贪玩中倏忽而逝，为了向父母交差，放假后他不得不将老师安排的一摞作业抱回家。

井景这孩子虽然贪玩，脑子却很好使，即便是上课经常走神，但成绩还不算太差——稳居中上游。每到期末前的半个月，为了避免回家被父母数落个没完没了，课堂上他都会格外用功，甚至在课余时间都会向同学和老师请教一些搞不明白的问题。这不，井景这小子使出惯用的招数，再次打了一个漂亮的攻坚战，拿着填写着还算满意的成绩单兴冲冲地往家里走去。

见井景回来，井景妈接过他的书包，坐下来开始研究他的成绩单。看过老师的评语后，井景妈让他把评语一栏念一遍，只听井景念道："该生天资聪慧，活泼可爱，动手能力强，考前勤奋有加，且能在考试中取得一定的成绩，倘若该生功夫能用在平时，成绩将更上一层楼。望家长加以监督，帮助该生养成良好的学习习惯。"

井景妈指着老师的评语对假装乖巧的井景说："这里分明是'上课贪玩不认真听讲'你能念成'动手能力强'；还有这里，明明是'考试前临时抱佛脚'你能念成'考前勤奋有加'。罚你把老师的评语抄十遍。"

拿过成绩单，井景走进了自己的房间，坐下后他一眼就瞄到了前几天用书纸折叠的手枪，瞬间把抄写评语的事情忘得一干二净，一会儿叠一个准星装在手枪上，一会儿在手枪上画一些专属的标志，一个人在房间里玩得不亦乐乎。妈妈喊他吃饭时，他才抄写了几行。气消之后，妈妈倒是心疼起宝贝儿子来，就默认井景吃过饭再抄写。如逢大赦的井景兴高采烈地走了出去，他知道这次抄写评语的事又不了了之了，每次妈妈对他都是如此的宽容。

假期从来都是孩子们的天堂，井景也不例外。在学校里就贪玩成性的他，放假之后更像是一匹脱缰的野马，整天在家里都找不到人影。今天跟小伙伴们一起去河边钓鱼，明天跟同学们去集市上玩耍，后天和其他人一起到树林里捉知了。下雨天会在泥地里戏弄癞蛤蟆，晴天就在大树上“呼风唤雨”……总之，井景这孩子就没有闲得发呆的时候。

不知不觉，假期只剩下几天了，井景躲在自己的小房间里发起愁来：马上就要开学了，是趁着这几天玩个够，还是把从未翻过的暑假作业写一写呢？写作业就不能疯玩了，开学后又要被“关起来”了。玩吧就不能写作业了，开学后又该被老师点名批评了，怎么办呢，愁死了！

在这种纠结中，井景虽然玩劲儿有所收敛，却还是不肯碰暑假作业。直到最后一天，他才开始动手写。可是那么多的作业，一天的时间肯定写不完，就算照着答案抄，也得晚上熬夜才能抄完呀。脑中闪过“答案”这个字眼时，井景想到了同村班上学习拔尖的刘牛，每次刘牛的作业都是写得又快又好，这个时候他肯定已经写完，不如把刘牛的作业借过来“参考参考”。

说干就干，井景找到刘牛，开门见山地问他作业写完了没有，刘牛回答：“当然写完了呀，莫非你还没开始写？”井景面不改色地说：“写完有什么了不起，你写的肯定都是错的！不如咱们对一下答案，明天到学校了我再还给你。”见井景说的有道理，刘牛就答应了。在刘牛点头那一刻，井景知道，自己的暑假作业总算蒙混过关了。

中学时代的你，是不是也跟井景一样，上课时不认真听讲，考前凭着自己的小聪明一路取胜。假期玩得昏天暗地，直到开学前一天才意识到作业还没开始写，然后通过各种投机取巧的办法将空白的纸张填满。不知道你们有没有用过井景的办法呢？暑假开学前夕总是想尽办法来完成作业，或是跟几个关系友好的小伙伴分工合写，或是像井景一样抄作业应急；更甚之，为图省事对答案进行各种精简；实在没办法的时候，就保留写好的，把没写的那部分烧了……如今想起这些，是不是自己都感到汗颜呢？

走过学生时代的我们，身上几乎都有井景的影子，平时闲得发慌、玩得疯狂，每到考试前和开学前，总会开足马力忙碌起来。不到紧要关头，从来都不会意识到事情的严重程度。直至最后一天，被事情逼得能连轴转却不喊累、不叫苦。有时候能迎头赶上惊险过关，有时候却遭搁浅死在沙滩上。

了解了这么多有关拖延的知识，我们不难发现，拖延是我们人性的一部分，没有谁敢站出来说自己从来没拖延过。那么，我们为什么会拖延呢，是哪些因素导致拖延的呢？以故事中的井景为例，每到上课时，他都提不起兴趣，只顾着埋头鼓捣手里的东西。是课堂不够有意思，还是老师讲解得不够精彩，才导致他次次走神，屡屡不配合？可是为什么在制作课上，他能听得那么聚精会神，做出来的东西都像模像样呢？

再拿假期作业来说，明明知道开学前要把作业写完，到学校时老师还要挨个检查，他还能肆无忌惮地玩到最后一天，最后找班上同村刘牛的暑假作业抄来应付。倘若无聊的假期作业换成有趣的小发明，他是不是还会把它拖到最后一天应付了事呢？

我们不能否认，很多拖延都跟兴趣脱不了关系。比如读中学的你，总是很及时地完成自己喜欢的化学作业，生物作业却总是等任课老师来催；比如读大学的你，上无聊枯燥的公共课总会迟到，但是跟女朋友约会你却能提前半个小时到；比如已经参加工作的你，老板在办公室时从不迟到，老板每次出差去外地，头天晚上你就会关掉闹铃。对于不感兴趣的事，你总是有无数种理由以拖延的方式来消极怠工；对于那些至关重要的事，就是没有条件创造条件也在所不辞。

当你的生活和工作中经常性地出现“忙碌的是最后一天”的情况时，不要急于否定自己。要先看看这些事是不是你所感兴趣的，先把那些根本提不起任何兴趣的事情挑出来。实在绕不过去的，就努力从中发现有趣的地方，慢慢建立起自己的兴趣。倘若实在找不到任何兴趣，只要不反感就坚持下去，你会发现“忙碌的是最后一天”的情况正在减少，由此，造成拖延的现象也会离你越来越远。

第四章

“拖拉斯基”如是说

哪些因素会使人产生拖延呢？其实，性格因素、遗传因素、焦虑情绪、缺乏自信、潜意识动机都可能造成拖延，或者都为拖延贡献了一份力量。

第1节 哪种性格更拖拉

从前，在四川有两个和尚。一个很富有，日子过得极为舒坦；而另外一个则一贫如洗，生活上总是捉襟见肘，穷苦而又凄凉。

有一天，穷和尚跟富和尚相遇了，穷和尚很开心地对富和尚说：“老伙计，我想去南海溜达一圈，你看怎么样？”富和尚直爽地说道：“我看不怎么样，先不说别的，南海那么远，你怎么去呀？”穷和尚倔强地道：“当然是走着去呀，看见我手上的东西了吗，一个水瓶，一个饭钵。水瓶可以用来向沿途人家讨水喝，饭钵呢，就可以用来化缘，凭着手上的一瓶一钵，总有一天会到达南海的。”

见穷和尚说的如此有理，富和尚竟无言以对。思考片刻后，富和尚满怀善意地劝道：“兄弟啊，四川离南海有几千里呀，单凭一双脚得走到何年何月呀，老哥哥我可不愿你如此作践自己。不如这样，哥哥我呢，很早以前就有去南海的想法，这些年也积累了不少钱，现在苦于资金一时周转不开，等再过一段时间，我就买一艘大船，到时候哥哥带上你。别说是南海了，咱哥儿俩想去哪儿就去哪儿，你呢，刚好可以趁这段时间张罗一些去南海要用的东西。”

虽然在苦难的时候富和尚时常接济他，但穷和尚这次还是婉言拒绝了富和尚一同去南海的好意，对他说：“哥哥呀，未来有太多的变数，计划通常赶不上变化。兄弟我得趁年轻，赶紧把去南海的心愿完成，等老了走不动了，就是想去也去不了啊。你的好意，兄弟心领了，去南海一个水瓶、一个饭钵就够了，我今天来就是专程来跟哥哥道别的。”

见穷和尚执意要去南海，富和尚便不再劝了，目送穷和尚离开后，富和尚将去南海的事情列入了这一年的计划中。此后便开始勤勤恳恳地工作，希望早日实现这个愿望。

一年后，穷和尚已心满意足地从南海回来了，并且到富和尚住处跟他讲一路上的见闻。富和尚在惊愕中听他讲自己从未听过的故事和从未看过的风景，心中五味杂陈。论体力，他跟穷和尚不相上下；论钱财，他比穷和尚宽裕；论规划，他也有到南海去的打算。可是他总是有时间的时候没钱，有钱的时候又没时间。

看着穷和尚孑然一身地自由来回，富和尚既羡慕又惭愧。当初穷和尚说要去南海的时候，他还站出来阻拦，并且大言不惭地说假以时日要带着穷和尚去见世面。穷和尚在去南海的途中，他却忙着筹钱买船，好不容易有了买船的钱，他又不肯放下手中的工作。等到穷和尚从几千里外的南海回来时，他才意识到自己究竟失去了什么。

穷和尚是穷得一贫如洗，在追求上却比谁都富有，即使一无所有，他也敢凭着一腔热血从南海走一个来回。听完穷和尚的一番高谈阔论，富和尚不得不承认自己精神上比他要穷得多，因为敢想敢做才是真正的生活之道。

上面这则小故事，出自清代文学家彭端淑的《为学》一文，在学生时代曾被要求背诵的经典篇章。就像彭先生写的那样："天下的事情根本就没有困难和容易之分，如果这件事你去做了，即便是困难也变得容易了；如果你迟迟不肯做这件事，那么再容易也变成困难的了。做学问跟做事情的道理是一样的，只要肯开始，就没有完不成的。"

推而广之，《为学》中的道理同样适用于我们的工作和生活。四川距离南海不知道有几千里的路要走，富和尚没有到达而穷和尚却做到了，这是为什么呢？因为富和尚被去南海的困难给吓倒了，他认为单凭一个水瓶和一个饭钵是无论如何也走不到南海的，需要做一些更充足的准备。但穷和尚却没有这些顾虑，他认为只要是自己想做的事，就应该立即去尝试，因为不试永远不知道自己行不行。

故事外的“拖拉斯基”们，是不是应该反问一下自己：“我们立志成就事业，反而还不如四川边境上的那个穷和尚？”其实拖延者的心思跟富和尚别无二致，总会习惯性地为自己找各种借口：等我有心情再去做这个策划案；等我有灵感了再去写那篇文章；等我有时间了再去读那本书；等我不忙了再去给父母打电话；等我厘清思路了再去找对方谈谈；等我休息好了再去工作……就是因为不停地等，最后发现自己的“等”与一个个潜在的机会失之交臂，落得跟富和尚一样的结果。

重新回到故事里，我们都明白，富和尚有钱，去南海的方式有太多的选择。他可以买船、租船去，也可以像穷和尚一样走着去。然而，他最终都没有去做。那是因为他心中有太多的顾虑，他总是在等待、在观望，总想用一个两全其美的方法达成他的南海之行——以最舒适、最优雅的方式看最美的风景。

穷和尚则不然，因为一无所有，他去南海的方式只有一种——走着去。于是，他带着水瓶和饭钵，义无反顾地出发了。一边朝着南海的方向走，一边解决路途上遇到的问题，靠着手上的饭钵和水瓶，他没有让自己渴着，也没有饿着自己，一步步走到了南海。见到了在四川境内从未看到过的海景，成功实现了自己的目标。

正是因为穷和尚不像富和尚那样有太多的顾虑，他才没有那么大的压力。他只给自己设定一个去南海的方向，并不在乎时间上的成本，因此，他很从容地去做这一切。即使用了一年的时间才从南海赶回来，但他毕竟做到了。比起原地踏步的富和尚，他强太多了。

其实我们的身体里都住着一个“穷和尚”和一个“富和尚”，遇到那些相对来说容易处理的事情时，“穷和尚”就会出来，以大无畏的方式将事情搞定；当遇到一些需要花费很大精力才能处理好的事情时，“富和尚”就会出来，为使事情做得更加周全，会设想各种突发情况及处理办法，从而使事情一再搁置，从而将你拖进“拖拉斯基”家族。

所以，我们应该学会控制自己性格中的“富和尚”，学会自我调节。要养成先去做，再看结果的习惯，把终极目标分解成一个个小目标，然后逐个去击破和完成，从而使整个工作运转起来。然后针对工作过程中出现的问题，再随时想出与之对应的解决办法，如此方能在工作中享受“一瓶一钵走天下”的绝妙。

第2节 基因自带拖延

李芳在一家公司担任文案一职，一直负责公司内部文字的撰写工作。近期，公司有开拓新刊物的意向，并且在例会上已经向策划部传达了。

一听说又要做新的刊物，李芳就气不打一处来，忍不住小声埋怨道：“什么破公司，整天只知道剥削人。时不时地加大工作量，工资却纹丝不动，真是越干越没劲！”李芳刚发泄完，就见部门领导推门而入，走到李芳跟前，递过来一本杂志说：“以后咱们的新杂志就按照这个样本来做，我手上也只有这一本，先放你那里，别弄丢了。你先熟悉熟悉内容和版式，别到时候做不来。”

当天下午，忙完工作后，李芳翻着那本杂志看了看相关内容。看到上面都是一些产品介绍的软文，她悬着的一颗心提前落了地，因为杂志上的那些产品公司的相关内容需要过一段时间才能到。于是，李芳就将这件事搁在了脑后，优哉游哉地去做其他事了。

转眼一周过去了，到了写周总结的时候。李芳按照惯例将这周的工作内容写好后，并在下周的工作计划栏里写下了这样一行字：熟悉新杂志的相关内容。写完之后，李芳将写好的周总结发送到了领导的邮箱里。

过完周末又迎来了新的一周，因为这周需要设计出两张海报，所以一进办公室李芳就忙了起来。用了三天时间终于将海报的事情搞定了，接下来又来做报纸，等这一切做完了，不知不觉又到了写周总结的时候，李芳的下周工作计划栏里照旧躺着一条“进一步熟悉新杂志的相关内容”的文字。

周一的时候，公司到了一些新样品，这些样品需要写成软文刊登在新杂志上。这周文案上也没什么工作，简单地看过一些样品后，李芳就去逛社交论坛了。她认为反正领导不着急要，没必要开始得那么早。因此在这闲散的一周，那本新杂志的样书李芳翻都没翻，样品也没再看，更别提搜集资料写软文了。即使这样，为了让自己的周总结更加翔实，李芳依旧堂而皇之地在计划栏内写下："继续熟悉新杂志内容并搜集相关资料。"

直到这个月过完，新杂志的内容还是停留在她的下周计划栏里，始终没有付诸行动。最后一天她才在别人的提点下，找相关部门要来产品清单。然而，在接收文件后，她却看都没看就把它放入新建文件夹中。

新的一月，新杂志的各项工作都已经部署完毕，眼下需要的就是及时把文案做出来。领导见李芳的月总结中已经充分熟悉和掌握了新杂志文案的排版布局，凭着她的业务水平半个月内肯定就能出来一个毛稿。因此，在月初大会上领导把这项任务派给了李芳。

领导宣布完这个消息后，李芳顿时傻了眼。自己对新杂志几乎是一无所知，接下来该如何开展工作？慌乱归慌乱，但任务派下来自己就要接手去做。利用一周的时间，李芳仔细研究了新杂志上各个板块的设置和产品文案的要求，重新梳理产品清单，并对公司产品进行了详细的分门别类。

准备工作做好后，李芳觉得似乎已大功告成了。区区一本杂志对擅长撰写文案的她来说，根本就不算什么，一周时间绰绰有余。然而，她却忘了自己从未写过关于产品的文案。忙里偷闲到了周三，李芳才开始着手撰写文案。第一天陷入了写了改，改了删，删了再写的死循环中，几乎没有任何进展，第二天上手后才完成了整本杂志的六分之一。下周领导就要求出毛稿的，眼下只有一天的时间了，即便是晚上加班加点，也不可能完成了。望着窗外的满天星光，李芳已经做好了在周会上当众被批评的准备，因为是她造成的拖延，只能她自己来承担。

“拖拉斯基”，通俗来讲，就是不把事情拖到最后一刻誓不罢休。当我们拖到一定境界时，才会发现它强大的破坏力。久而久之，会被自责、焦虑、懊恼、愤怒等消极情绪包围，“拖”至穷途末路不得不幻想“后悔药”的问世。假如能够重来，自己绝不靠近拖延，被拖延纠缠不休的“拖拉斯基”们无时无刻不在为拖延埋单，无时无刻不为此苦恼。

倘若在结果未出现之前，拿“拖延”去指责李芳，她定然会出口反驳道：“我才不是拖延呢，我只是善于利用时间，哪怕到紧要关头也能高效地完成所有的工作。”话说回来，“拖拉斯基”们其实也是情有可原。身为其中的一员，我也忍不住想为自己辩驳一番。

在这个“信息爆炸”的时代，“拖拉斯基”是各种社交网站上出现频率相当高的词组。没有人会承认自己坐在电脑前从未走过神，身为朝九晚五的上班族，深知每天憋在小格子似的办公桌前是什么滋味，日复一日地重复早已使工作程序丧失了新鲜感，工作中开小差几乎是人人不可避免的。

比如打开电脑，我们做的第一件事不是浏览提前写好的工作计划，而是在第一时间登上网聊神器——QQ。编辑文档时，对于偶然弹出的腾讯新闻，我们都不会做到不闻不问，即使是无聊透顶的内容，对我们来讲也比枯燥机械式地上班有意思得多了；查找资料时，看到自己感兴趣的板块，就会忍不住地进行横向和纵向的深入搜索，一不留神就过去了一个上午，那些该处理正事的时间都被这些“无伤大雅”的小节占用了。一旦形成习惯，我们就完全丧失了自控能力，不得不向拖延缴械投降。

除了微弱地自我辩驳外，还有更有理有证的“科学诠释”。某些因自制力缺失造成的拖延者，索性将拖延归结为海量信息轰炸出来的“现代病”，并堂而皇之地将其命名为“注意力缺失症”，甚至大张旗鼓地为其做了一番诠释：感染该“病毒”的人，惯于搞突击，尤其不擅长攻坚战，更不能打持久战。因为他们在做事情的过程中，会经常性地走神，兴趣点也比较多，且持续时间短，无法将注意力牢牢盯在一个点上。

“注意力缺失症”究竟是“拖拉斯基”们的托词，还是一部分人的基因自带功能？追本溯源，“注意力缺失症”确实是心理学上存在的一种疾病，学名为“注意力缺失多动症”。感染此“病毒”的多为儿童，占有率却不超过人群的5%。在几乎人人拖延的今天，不可能每一个拖延的成人都有一个拖延的童年。

因此，拖延并不是我们的基因自带功能，而是工作和生活中自我放任的结果。就像故事中的李芳，刚开始接触新杂志的时候，她还能随手翻翻，时间一长就被抛到了脑后。开始干一些与其无关的事情，等到领导下达完成任务的时间时，才开始火急火燎地着手进行，以至于将自己拖进极度恐慌的状态，即使如此，她还是没有赶在“死亡线”之前把事情做完。

说白了，拖延只是一个习惯，只要你肯下决心改掉，并将其付诸行动，很快就能从“拖拉斯基”的大军中脱离出来。

第3节 弗拉里博士谈拖延

提起莫白，朋友们没有不为之头痛的。他优柔寡断的性格使得他就像是地上提都提不起来的一摊烂泥，费尽九牛二虎之力把他从地上扶起来，但坚持不了一会儿他就原形毕露了。他优柔寡断的性格引发的故事，是朋友圈中经久不衰的传奇。

生长于小康之家的莫白，毕业之后在父母的资助下注册了一个小公司。前两年经营起来颇为吃力，却还能维持下去。近年来，因为整个行业处于萎靡不振的状态，他们公司也受到了冲击。再加上他性格上的摇摆不定，使转危为安的机会一次次与他擦肩而过，即便是有父母持续性的资助，公司整个运营还是渐渐陷入了举步维艰的状态。

在资金链即将断开的时候，通过向一些有经验的前辈取经，莫白不得不采取一些措施进行人员方面的调整。他将公司原有的二十多人裁减掉一半，经过这一番调整后，公司的资金坚持一年半载没多大问题。眼前的问题是解决了，那么以后呢？想起公司的未来，莫白不由得发起愁来。

对公司进行整体评估后，莫白认为现如今几乎没有开源的渠道了，为了缓解经济上的压力，只能进行节流了。考虑了几天，莫白决定更换办公地点，租一个价位低一点的写字楼，单租金这一项，每月就能省下一个员工的工资。

说干就干，在没和任何人商量的前提下，莫白开始给房东打电话商量退房事宜，因为他认为二十天绝对能找到一个合适的办公地点。于是，莫白将所有的精力都放在了租新办公地点上。他每天不是在网上浏览租房信息，就是走在看房子的路上。功夫不负有心人，一个星期后，莫白终于找到了一个满意的办公地点，而且这房子各个方面都深得他心。

但是在关键时刻，他又习惯性地左右摇摆起来。为了坚定自己的信心，莫白带上公司的部门负责人一起去看那个房子，希望对方给他提一些意见。在那所房子里转悠一圈后，部门负责人开始分析房子的利弊，综合对比之后，不是很同意莫白将它租下来。而一心打算将房子租下来的莫白，连定金都没交就带着部门负责人离开了。

回到家后，莫白仔细想了两三天，决定不管怎样必须把那个房子租下来。第二天刚吃过中午饭，莫白就跑去跟新房东商量租房事宜。遗憾的是，他刚到地方，房东就打来电话说房子刚租出去，建议他到其他地方看看。

可是再过十天，现在办公地点的房子就要到期了，必须尽快把新房子的事确定下来。磨磨蹭蹭又是一周，看上了之前那所房子的莫白对接下来找的都不满意。到了周日下午，他才勉为其难地看中了另外一所。以防再次与看中的房子失之交臂，莫白当天就交了几百块钱的定金。不出意外的话，签过合同，房子的事情就搞定了。

然而，刚回到家的莫白就反悔了，因为他在网上看到一个更好的。想到以后要长期在那里办公，莫白一狠心决定抛弃之前看上的那所房子，定金自然也就打了水漂——要不回来了。

第二天，莫白去看网上看中的那所房子，但发现网上的图片与真实情况不符，最后房子也就没租成。房子离到期只剩两天了，即便是租好也来不及搬家了。处在极度焦虑中的莫白先后又交了两所房子的定金，最后又连连反悔。

直到这边的房子到期了，新的办公地点也没搞定。因此他不得不再交一个月的房租，再加上之前打水漂的三次定金，这场徒劳无功的折腾着实是亏本的买卖。正是这场折腾，成就了莫白在朋友圈中“犹豫哥”的“美名”。

在莫白的成长环境中，从小到大衣食无忧，各个阶段父母都对他做了周到的安排，几乎什么事都不用他操心。对父母习惯性地依赖，使他在处理事情时被动多于主动，不喜欢自己作决定。即便是成立了自己的公司，他依然以父母的意思为重，万不得已时才作决定，但决定后心里还是悬着一块石头。

莫白处理事情时犹豫不决的拖延，验证了美国心理学家弗拉里博士的观点，就是优柔寡断型拖延。莫白的犹豫不决并不是“拖拉斯基”中的孤例，而是较为常见的表现。因为受成长环境的影响，莫白习惯了被人安排的生活，不喜欢自己作决定，也不相信凭一己之力能作出多明智的决定。

因为对自己缺乏信心，所以莫白不敢大胆抉择。他害怕被否定，害怕犯错，所以做事总是畏首畏尾。可是错了又怎样呢，名人也有犯错的时候，做学问的牛顿也是一个“笨笨”的人。有一次他在火炉旁思考实验上的难题，不知不觉陷入了沉思之中。这时炉内的火越烧越旺，烤得他大汗直流，他急忙唤来仆人，让其将火炉移开。闻声走过来的仆人将他从座位上请了起来，轻轻地将椅子挪到了距离火炉稍远的地方。这时，牛顿才恍然大悟地喊道：“哎哟，我怎么就没想到这个办法呢？”

听了牛顿的小故事，你还会害怕犯错吗？过度的恐惧会让我们步莫白的后尘——成为“犹豫哥”。逃避也好，拖延也罢，对于生活于处处存在选择中的我们，它们只是生活的点心，不能拿来当家常饭。面对层出不穷的选择，我们只有去面对，一味地逃避只会让自己无路可走。

莎士比亚说：“重重的顾虑使我们全变成了懦夫，决心的赤热的光彩，被审慎的思维盖上了一层灰色。伟大的事业在这种考虑下，也会逆流而退，失去行动的意义。”当你沦为优柔寡断的俘虏时，要时常想想莎翁的这句话，并以此为戒，与优柔寡断型拖延说再见。

【弗拉里博士定义的拖延类型】

美国心理学家弗拉里博士眼中的三种类型拖延：

1. 找刺激型

一般来说，这种人喜欢在有压力的状况下工作。他们喜欢把事情拖到最后，享受火烧眉毛时完成任务后的快感，对这种刺激依赖性很强。从事文字工作者的刺激性拖延主要表现为，截稿日期来临时，他们才会文思泉涌，压力越大越刺激，工作带来的快感就会越强。

2. 逃避型

逃避型拖延的人多是完美主义者，当他们面临高难度的任务时，由于无法保证在预期内将事情做到极致，逃避心理就会乘虚而入。为了不让别人说自己能力不足，他们索性以拖延的形式摆出一副不努力的懒散。

3. 优柔寡断型

该类型的“拖拉斯基”，童年时集各种宠爱于一身，成长过程中的各个环节会被安排得恰到好处，极少自己作出选择。当自己独当一面时，就会出现选择恐惧症，主要表现为遇事犹豫不决，害怕作决定。

第4节 在焦虑中一拖再拖

陈瑞是一家医药公司的老员工，也是公司的营销总监，主要负责市场拓展和产品销售，因为业绩突出很受公司领导的器重，每到年底总能拿到很高的分红。为了鼓舞营销总监陈瑞的士气，公司领导又加封他一个新的头衔——策划总监，既希望他能够给公司创造更大的利润，也希望他能通过这个岗位锻炼自己。

走马上任后，陈瑞别提有多风光了。经过一番周密的部署，陈瑞开始大刀阔斧地干了起来。为了使产品销售量一路走高，他策划了一系列宣传相关产品的书籍，并得到了上级的首肯。敲定大方向后，陈瑞凭借自己经营多年的关系网，成功联系到了能够提供原创书稿的作者和负责包装推广的公司以及靠谱的出版社。

在各方的精诚合作下，作者提交了一份诚意十足的样稿，相关公司逐步展开了前期的宣传，选题跟样稿也成功通过了出版社严格的层层关卡。志得意满的陈瑞坐在柔软舒适的办公椅上，在前期工作格外顺利的基础上开始畅想着自己的创意大获成功的前景：过不了几个月，他大刀阔斧的行动就会带来销售额的大幅度提升，接下来自己就会得到公司领导的肯定和赞许，待遇也会随之攀升，所有的荣誉和掌声都会向他涌来……

从“白日梦”中醒来，陈瑞毫不松懈地督促着各个环节有条不紊地向前推进，力图在最短的时间内取得最好的效果。在陈瑞的严格把控下，相关合同都已签署完毕，工作在预期的轨道上平稳开展。倘若按照这种情况推进下去，日后想不成功都难，认为胜券在握的陈瑞紧绷的神经渐渐放松了下来。

结果，在陈瑞日复一日地松弛、懈怠中，工作虽依然在按照计划推进着，速度却越来越慢。因为一切还在陈瑞的预料之中，他并没有丝毫的紧张，继续采取放任自流的态度。他觉得即使现在速度慢了下来，以后迎头赶上不成问题，就算进度补不回来，也出不了多大问题。

不知不觉，距离合同上的截止日期只剩半个月了，工作的进度却越来越迟缓。陈瑞一个人的放松导致全体人员的放松。因为陈瑞不再三天两头地催稿，作者也就只在心情舒畅的时候写一会儿，心情不好的情况下碰都不碰；陈瑞不去隔三岔五地叮嘱，合作的公司就以为这事不急，往后放放，先做那些比较急迫的事情。

于是，这样一种局面出现了：稿子还有三分之一没有写，接下来的宣传策划还没有眉目，了解到真实情况的陈瑞瞬间由怡然自得的清闲跌入焦虑的深渊。

由于工作上的关联，各个环节的掌控者也跟着陷入焦虑中。迫于精力有限，即使陈瑞使出“连环催命 call”的催逼绝招，也无法使合作者日夜连轴转，赶上进度，甚至可能会落得适得其反的下场。火烧眉毛的紧要关头，作者苦于没有灵感，焦虑于截止日期将近；合作公司苦于上个项目还没结束，腾不出手；陈瑞苦于压力过大，觉得失败近在眼前。

随着焦虑的与日俱增，各个环节的掌控者看到工作就想躲，忍不住想找一些别的事来打发时间，消除焦虑，到头来却于事无补。因为这不仅浪费了更多宝贵的时间，而且对工作的进展也没有丝毫的帮助。这种因焦虑滋生出的逃避式拖延，使各项工作陷入了几乎停滞的困境。束手无策的陈瑞只好抱着“破罐子破摔”的心态打算硬扛到底，唯愿下次能避开危险的“拖延”陷阱。

我们都知道，拖延是一种将事情推迟完成的心理和行为。这种定义虽然不错，却太过笼统，对各种形式的拖延描绘得不够精准。以故事中的陈瑞为例，以上那句话只是点出了结果，却没有概括出原因。若是陈瑞能在最后半个月，将工作的进展速度提高到刚开始的水平，就不会造成拖延的后果。他的拖延反而是一种积极拖延，在最后形成的压力状态下高效完成工作。但因为焦虑的“死缠烂打”，陈瑞无法将所有精力用在工作上，无法让各个环节保持一致。随着焦虑的加深，他不得不提前接受失败的结果。显而易见，这种拖延是焦虑带来的。因此，我们称之为“焦虑型拖延”。

有过拖延经历的人应该都有这种感受，当你发现自己开始拖延的时候，心里会感到不安，这种不安的情绪就是轻微的焦虑。随着程度的加深，不安的情绪会越来越强烈，焦虑也会越来越严重。这种由于内心的不安和焦虑带来的逃避行为就是焦虑型拖延，那么它是怎么产生的呢？

通常情况下，某些事态超出我们的把控能力时，我们就会对即将到来的、可能的危险后果产生不安、紧张、惊慌、恐惧等情绪，这就是焦虑。它既是我们走向成功的动力，也是让我们远离成功的阻力，因为适度的焦虑有利于任务的完成，一旦超过某个限度，就会形成阻碍。就像著名心理学家弗洛伊德所形容的那样，我们一方面坚持要发泄，另一方面又无法升华，久而久之就容易憋出内伤——形成焦虑。

正是因为“拖拉斯基”们的一拖再拖，使自身受到了失败的威胁。这种时候，“拖拉斯基”们希望获得内心的安宁，但是却无法使心理恢复平衡，因而对任务的完成产生一种排斥和逃避的情绪，进而陷入了持续不断的焦虑，随之就引发了试图消除对自我构成威胁的结果的逃避行为——拖延。

当事情拖延到一定程度，我们的内心就会不由自主地紧张，提前把它定义为超出自己能力的极限，害怕自己不能在规定的时间内完成任务，甚至怀疑自己根本不可能完成。在不断的恐惧和反复的怀疑中，我们的心智已经被这种情绪催眠，不仅不能及时作出正确的决定，而且会陷入深深的焦虑中。因此，这种焦虑的产生来自我们内心深处挥之不去的恐惧和对自己的怀疑。

拖延并非一天炼成的，每次遇到这种情况，我们都会习惯性地以拖延的方式来应对，使自己暂时躲过焦虑的困扰，以求短暂的自我感觉良好，然而潜意识里却充满了无助和绝望。持续性的拖延会使自己陷入消极的泥沼，与此同时，长期累积的自我怀疑又会加剧拖延的程度，于是就形成了根深蒂固的拖延。

第5节 实质是心理拖延

小雪和小雨从小就是非常要好的朋友，两人一起走过了小学、中学、大学，参加工作后，她们依然保持着三天一小聚，五天一大聚的频率，堪称闺密中的传奇。这不，刚从办公室出来小雪就接到了小雨的电话，两人煲了一顿毫无营养的电话粥后，相约晚上一起看电影。

碰面后，她们开始谈论近期上映的电影。于是打开手机上某宝的应用程序，上面显示附近影院有二十余部不同的电影正在上映，直到走到电影院，她们还在谈论着要看哪部电影。小雨指着手机里的电影列表问小雪：“亲爱的，这么多电影，你想看哪部呢？”小雪回答道：“都行吧，我没什么意见，听你的准没错。”小雨说：“哎呀，我也是这样想的，看哪部都不要紧，跟你在一起看什么电影都是极好的。”

她们嘴上所说的“随便”“看什么都行”，其实心里想的是看对方所喜欢的，只要能达成对方的意愿，怎样都行。谈论许久后，只顾着为对方考虑的她们还是没有决定好要看哪部电影。

小雪心想：如果电影比较有意思，在看的过程中她们就会比较开心。若是电影无聊透顶，她们就会很失望。这不仅浪费了她俩在一起的时光，而且还影响彼此的心情，绝对不划算。可是如果小雨看得比较开心，她也会跟着开心的，所以还是让小雨决定吧。

见小雪迟迟不肯作决定，小雨迟疑的心思也越来越重：两个人总要有一个人出来拍板的，看来小雪是不想做一锤定音的人。可是这么多部电影，小雪究竟喜欢哪一部呢，真想选个她喜欢的呀。她跑那么远过来，无论如何也应该让她看一部不错的电影。倘若自己选对了电影，她们不仅能享受一段美妙的电影时光，还会拥有漫步云端一样的心情。那么，接下来的决定必须得慎重慎重再慎重，她可不想让小雪郁郁寡欢地出来玩。

提前一个小时到电影院的她们，在选择看什么电影的问题上纠结了半小时，最后，谁也没有拿定主意。小雪不肯作选择，小雨也迟疑不定。为了不耽误看电影，她们决定将电影的评分和观众的评论作为依据，在电影开始前五分钟，两个人选择了一部近来票房火爆的电影。

走到柜台处换好票后，二人不约而同地舒了口气，好似卸下千斤重担一般。接下来，她们又买了看电影的必备神器——可乐和爆米花，而后迈着轻快的步伐走向了电影院中位置较偏的角落。彼此在心中暗自祈祷：如果剧情不是两个人都喜欢的，一定要是对方所喜欢的！

因为小雪与小雨委决不下，本来可以选一个很好的观影位置的她们，最后落了个偏僻的角落。若不是受电影开始时间的影响，想必二人的僵持还会持续下去。看似在为对方打算，实则是徒劳无功的举动。因为谁也拿不定主意，都在等对方给出意见，不仅浪费了一些不该浪费的时间，而且也给彼此造成了一些不必要的困扰，无论如何都是亏本的买卖。

她们这种僵持实际就是拖延的表现，这些都是心理因素在作怪。如果将观影比作摆在眼前的大轮子，她们的任务就是将大轮子移开。她们为彼此考虑的心思其实是在思想上加重了轮子的重量，使本不重的轮子变得重如千钧。她们即便是用尽全力，也很难将轮子移开。随着时间的推移，压在轮子上的重量也会越来越重。

临近开场，她们不得不放下心中的包袱，选择以另外的方式决定看哪部电影，堆叠在轮子上的那些无形的压力就慢慢消失了。行动起来，没费多大劲就能推动摆在眼前的大轮子。她们会发现，原来轮子推起来这么容易。迈出第一步后，速度就会跟着加快，花少许的力气就能使观影按部就班地进行下去。

看了这么多“拖拉斯基”的故事，我们会发现拖延是现在社会中的“流行病”。因为它既没有违背道德，又没有触犯法律，甚至连恶行恶习都算不上。因此，很少有人会把它当回事，除非它对工作产生了一些重大的危害。然而，不去正视，并不代表它不存在。潜移默化中它会成为你根深蒂固的习惯，无形之中就会成为工作和生活中的阻力，从而让你错失良机。也会让使你疲于应付，心力交瘁，深陷焦虑之中……

深受拖延之苦的“拖拉斯基”，为了将自己从拖延中解救出来，不得不与拖延宣战，这时就需要对拖延有一个透彻的了解。只有深入了解自己的内心，才能清楚拖延的来龙去脉。拖延成性的人都清楚，临近最后期限时，那些被拖掉的工作进度是补不回来的，于是就会产生懊恼、自责、愤怒等消极情绪。似曾相识的感觉会让他们回想起上一次拖延时的场景，以及当时立下的与拖延不共戴天的誓言，经历过一系列的心理煎熬后，他们又如上次一般狠下决心——与拖延老死不相往来。一次次的旧景重演，是“拖拉斯基”内在的固定死循环模式。

太多的“拖拉斯基”故事，太多的拖延者人群，一次次的循环往复拖延着，屡战屡败的“战拖”大军，无一不在阐述着拖延的不可战胜。诚然，它并不是仅靠调整自己的心态就能克服的。俗话说“知己知彼才能百战百胜”，我们总是对拖延知根知底，对自己却缺少必要的了解。因此，我们要尝试着去了解自己的内心，弄清楚心里对拖延是何种的依赖，如此方能对症下药。当我们弄明白之间的纠葛后，就清楚了问题的关键，方能打破拖延不败的神话。

心理学家荣格说过："最可怕的事情是全然地接受自己。"也就是说，了解深陷于拖延之中的自己很重要，只有了解了自己本来的面目，才能抹去停留在想象中的那个你，进而接受存在很多缺陷的自己。诚恳地了解自己，客观地评价自己，慢慢地接受自己，经历过这些过程才能变成自己想要的样子，才能在拖延中破茧成蝶。

第6节 信心不足才拖延

王晓乐生性木讷，寡言少语。不管是在课堂上还是课余时间，他都喜欢安静地待在属于自己的小角落里，朋友极少的他显得很不合群。上学的时候如此，参加工作后还是这样，他这种安静可以被全世界忽略的性格没有一丁点儿的改变。如果不是女朋友背着他为他报名那场演讲比赛，他就不会知道自己在讲话上是多么的欠缺。

虽然王晓乐不擅长交际，可人看起来忠厚老实，因此还没大学毕业就等来了爱情的春天，性格互补的两个人在生活中很少出现争执。若说真有什么大问题，就是王晓乐那闷葫芦一样的性情，让他的女朋友头疼得不得了。

因此，当女朋友得知他们公司为了使公司的文化更加丰富多彩而特意举办了一场大型演讲比赛的消息后，就偷偷地用王晓乐的微信给他报了名。她心想不信来这一招，他还能保持住闷葫芦的秉性。

第二天，王晓乐还未到公司，策划部就将王晓乐主动报名参加演讲比赛的消息透露了出去，并以此鼓动其他部门的人参加：看人家王晓乐，公司之前举办的各项娱乐活动都不闻不问，这次演讲比赛竟率先报名参加了，你们这些活跃分子怎能安居其后，快快报名才是正道。

在策划部凭三寸不烂之舌鼓动各部门参加演讲比赛时，王晓乐踏着一如既往的步调走进了办公室。跟同事们点头致意后，就在自己的座位上坐了下来，不动声色地为接下来的工作作准备。见王晓乐跟没事人一样，大家惊讶地吐了吐舌头就散开了。

性格闷闷的王晓乐，参加工作之后的业绩跟上学时的成绩一样，是学霸级别的人物。因为他平时不苟言笑，所以听到他特有的脚步声，先前还以他为乐的谈笑声瞬间静了下来。等到大家散去后，跟他邻桌位的李安才不可思议地问道："王晓乐，你竟然报名参加咱公司两周后的演讲比赛了，真的假的？"

平时在公司，没事的时候王晓乐也会跟身边的几位同事做一些短暂的交谈，日子久了彼此也都熟悉了。虽然平时在办公室内不缺乏彼此逗闹的欢声笑语，王晓乐的名字却从来不会是逗闹的焦点。听完李安的问询后，王晓乐稍微思考了一下，轻轻地摇了摇头。

当李安再次跟策划部的人证实后，便将截图通过QQ发给了王晓乐。点开对话框，王晓乐先是愣了一下，随后摆出一副被捉弄了的表情。这种表情通常只有在他女朋友经常性的恶作剧下才会出现，随即，他就推算出是他女朋友搞的鬼，只好无可奈何地冲着李安点了点头。

回家跟女朋友证实过报名的事之后，王晓乐自知这次演讲比赛是逃不掉了。眼下最要紧的事是准备演讲稿，然后再跟着演讲视频向别人学习演讲时的语速、表情和动作。利用了三天时间，王晓乐敲了一份演讲稿，却不再往下继续了。

他不禁在想，站在众人面前就脸热手抖的，能顺利地将那篇写好的演讲稿念出来吗？到时候弄得自己下不来台怎么办呀？越想越愁，越想越心焦，为了将这些不好的情绪扼杀在摇篮之中，王晓乐索性对演讲的事不闻不问。

比赛前三天，女朋友试探性地问他："晓乐，你的演讲比赛准备好了吗？"这时，王晓乐才想起来还没有看的演讲视频，他只好从实招来。他女友习惯性地使出激将法："大名鼎鼎的王晓乐会有不能做的事，想当年也是班上的学习霸主，这会儿该不会认怂了吧。"心里早已认怂的王晓乐，死鸭子嘴硬地回道："你等着看吧，精彩还在后面！"

如王晓乐所言，“精彩”确实在后面，演讲比赛那天，他女朋友特意请了一天假去看王晓乐的临场发挥。快到王晓乐上场时，他女朋友发现王晓乐不知躲到哪里去了，走出人群才发现王晓乐在一个安静的角落里紧张得直冒冷汗。

轮到王晓乐上场时，为了减轻他的压力，他女朋友假意离开。因为不敢直面这场演讲比赛，王晓乐准备得也很不充分。上台时没有信心的他显得底气不足，躲在人群中的女朋友也为他捏了一把汗。在众人友善的目光和鼓励的掌声中，王晓乐磕磕绊绊地念完了手上的演讲稿。抬头看到为自己鼓掌的女朋友时，他眼中闪过丝丝愧疚。

对王晓乐来说，当众演讲是不可能完成的事。因为女朋友在他不知情的情况下替他报了名，让他不得不迎难而上。对于这件事情，他意料之中是不可能完成的。他仅仅是做好了开头，就破罐子破摔地以拖延的方式来逃避。因为没有赢得演讲比赛的信心，所以不敢去面对；因为怕最后是一场瞎折腾，所以不敢很用心地去准备，毕竟没有准备的失败是不丢人的。

性情上的沉默寡言，让王晓乐形成了自己不适合演讲的认知。他觉得跟那些能说会道之人去比，无异于以卵击石，结果肯定是必败无疑。因此从一开始，他对这场演讲比赛所持的态度就是很不乐观。迫于面子，他才准备了一篇演讲稿。因为惧怕当众讲话，他选择了逃避。不去好好地准备比赛，而是用各种放松来麻痹自己。

诚然，在演讲这方面王晓乐从来没有肯定过自己，也没有被别人肯定过，所以他认定了自己不行，根本不能将比赛进行到底。直到女朋友问起，他才意识到自己已经一周多没为演讲比赛作准备了。即将上台时，他还在为自己的信心不足而惶恐，以至于演讲到最后词不成词，调不成调。

面对意料之中的失败，王晓乐为自己找了十足充分的借口，一是他根本不擅长这些，二是他几乎就没怎么准备。所以他觉得自己失败得理所当然，就好像不失败就没天理似的！与此同时，也只有王晓乐觉得自己当初的拖延派上了用场。

习惯了享受成功的王晓乐，面对演讲比赛的惨败急需一个说服自己的理由，也需要给别人一个看上去说得过去的借口。前期准备时，有意的逃避拖延恰如其分地充当了这个角色，让自己认为不是他不能成功，而是他压根儿就不想成功；让别人认为不是他能力不足，而是他不够努力。只有这样的失败，对他来说才是不丢面子的失败。

王晓乐这样做是输得有面子，然而对事情的解决却没有作用。因为拖延并不能解决问题，只会让问题变得更糟糕，毕竟问题早晚是要面对的。

因此，当我们遇到自我感觉不可能完成的任务时，要对事情做一个整体的分析并积极地应对。必要的时候跟同事请教，或者寻求外援一起来完成。这次在借力的情况下完成的任务，下次说不定一个人就能搞定。面对拖延，只有勇往直前，才能无往不胜，积极乐观的态度胜过所有迟疑观望。

第7节　无意识选择了逃避

在大一的时候，杨然结识了隔壁班的女生道晓。见过几次面后，杨然眼前总是会浮现出道晓的样子，他知道自己动情了，却不知道自己是否能成功撼动道晓那系花级的女神，但是不到黄河不死心的杨然还是决定要试一试。

论外表，杨然也是一表人才；论才华，杨然是真材实料的理工男；论家境，杨然是衣食无忧的小康族。说白了就是比上不足比下有余，一番自我审视后，杨然觉得自己的条件还行。只要自己有恒心、有毅力、有吃苦耐劳的精神，假以时日，他肯定能击败道晓的众多追求者，最后以抱得美人归的结局圆满收场。

说干就干，确定了自己对道晓的一往情深后，杨然踏上了艰苦卓绝的追求女神的漫漫长路。意想不到的是，抱定“爬雪山，过草地的两万五千里爱情长征”决心的杨然，刚送出深情款款的“爱情申请书”，就被道晓发展成为追逐爱情的“积极分子”。

顺利地闯过第一关后，在接下来的日子里，杨然频繁地跟道晓示好，这种情况一直持续了半年。见杨然能坚持，表现得不错，道晓批准杨然由“积极分子”转为“发展对象”。接到被批准为“发展对象”的消息后，杨然别提有多高兴了。不到半年工夫，他就成功干掉了一支“生力军”，成功晋级为“男一号”，这事搁谁身上谁都得乐开怀。

这场浪漫的爱情在两人苦心经营下，直到大学毕业，情花依然艳丽如初。熬过青春年少，道晓大发慈悲地批准杨然由“预备对象”升级为新郎官。他们始于学生时代的爱情，终于以他们所期待的结局而圆满落幕。

走进围城，在柴米油盐的磨砺下，他们的爱情褪去了浪漫的光环，剩下的只有精打细算和奔波忙碌。周六晚上下班后，刚发过工资的杨然兴高采烈地去逍晓公司接她下班。他在心里正谋划着，刚好趁着三天小长假，带着妻子到某个知名景点潇洒走一回。一来可以找回大学时代的甜蜜美好，二来可以让彼此在远离尘嚣的美景中放飞心灵，三来作为他们结婚纪念日的礼物。

将一切搞定后，他们二人顺利地飞往了心仪的景点，到宾馆稍作休整后，他们便迫不及待地徜徉在清水绿城中。若不是晚饭前的争吵破坏了唯美的气氛，他们定然能收获一个与众不同的纪念日。

黄昏日落时分，游走于小吃街的他们商量着吃什么好。逍晓问杨然："亲爱的，咱们吃什么呢？"杨然答："随便什么都行，听你的。"逍晓便拉着杨然走进了旁边的一家餐馆，指着菜单说："咱们吃这个，这个，还有这个……"杨然没待逍晓说完，就趴在她耳边低声嘟哝道："亲爱的，我不太喜欢这个，你是知道的，这道菜我从来不吃的，还有第二个，看名字就觉得怪怪的……"逍晓干脆地说："那好吧，咱们换一家吃。"

接连换了四五家后，还是不如杨然的意，逍晓彻底火了："杨然，你到底想吃什么，满汉全席你不满意，平常小菜也不合你的胃口。让你作个决定，你又推三阻四。我作决定，你又有各种意见！"杨然低声嘟囔："我还不是想以你为主，想让你吃你喜欢的……"

火气稍减的逍晓听完这句话，不由得怒从中来："从刚谈恋爱那会儿到现在，你哪次不是这样，每次把主动权交给你，你都推给我，单是咱们在吃饭这事上发生争执的时间吃两顿饭的工夫也有了。选择跟你一起过日子，不是整天看你扭扭捏捏的样子的，你有没有一点男子汉气概？"

杨然听后，也生气地说："我扭捏怎么了，让你作个决定至于上纲上线吗？"

道晓反驳道：“你自己想想，你这样是一次两次了吗，哪回不是这样，你说！”理亏却不肯服软的杨然丢下一句：“算了，不想说了，这饭我也不想吃了。”就转身折回了宾馆，留道晓独自在暮色中发怒。

杨然的这种行为就是典型的无意识逃避，明明一句话就可以搞定的事，他却希望对方替他完成，然后又对结果颇有微词；明明自己决定就好了，却习惯性地将主动权交给了对方，甚至在心理上要求对方的想法能够吻合自己的心思；明明可以省去这些不必要的争吵，他无意识的逃避造成的拖延横生出了这么多的枝节。

杨然的无意识成为习惯后，就造成了拖延，会不自觉地逃避现实，甚至幻想出一个完美的自己来代替现实中的自己。经道晓三番五次地提醒，他也意识到了自己是逃避心理在作祟，然而却没有勇气去面对，似乎一味地逃避下去，就能使一切消失得无影无踪。道晓那串噼里啪啦的数落，一针见血地道出了他根深蒂固的拖延，也封死了他继续做逃兵的退路。杨然唯一能做的就是迎难而上，向无意识的逃避宣战。

逃避心理，是一种在工作或生活中，自我与外界发生冲突时，自己没把握成功地解决出现的不协调，索性选择做个将头埋进沙子的鸵鸟，一味地去逃避、闪躲的心理现象。其实，逃避也是我们的一种本能，在“有利”和“不利”两种环境中，多数人都会做出趋利避害的行为。即便因此造成了拖延，也有为自己开脱的借口，故事中的杨然就是拿“以对方为中心”当借口。

逃避确实可以让我们获得一时的安稳；可以暂时不去想现实中那个失败的自己；可以继续在幻想中做完美无缺的美梦。然而梦总有醒来的一天，逃避亦有穷途末路之时，到山穷水尽时，等待我们的不是什么柳暗花明，而是病入膏肓的绝境。因此，解决问题的第一步就是面对，当我们选择面对的时候，离最后的突围就更近了一步。

与其在逃避中坐以待毙，不如鼓起勇气去尝试着改变。将藏在背后的那个懦弱的、负能量爆棚的自己揪出来拷问一番，问问自己是否想继续在拖延中蹉跎人生，还是想离开荒谬，做回阳光向上的自己。弄清楚自己想要什么，就会发现生命的美好和生活的精彩，就能将“无意识选择了逃避”的行为远远地甩在身后。

第五章

中了拖延的毒

中了拖延的毒之后会有什么样的症状和危害？有的人成为“网络拖拉斯基”，拖延该做的工作；有的人拖延上床睡觉的时间，损害了健康；有的人在拖延中陷入了精神颓废的泥潭……拖延时间真的是在浪费生命吗？

第1节 “拖拉机”养成记

作为一个职业女性，手上没几张信用卡似乎是一件很丢人的事。这几天，见同事们纷纷在办信用卡，屈巧也有点坐不住了，开始跟办理信用卡的工作人员了解办卡的信息。刚拿到卡的同事闻声劝她道：“虽然手上不缺钱，留着总是好的，等哪天用钱的时候再办就晚了。”所以，屈巧决定自己也要办一张信用卡。

过了一夜，屈巧便把办信用卡的事忘得一干二净。第二次公司又有人办信用卡时，她才想起来自己正想办信用卡呢。对比了一下各个银行的信用卡后，屈巧看中了交通银行信用卡的颜色。她心想：“反正各个银行的信用卡功能都差不多，既然要办，那就选一个自己喜欢的颜色吧。”不凑巧的是，下定决心要办交通银行信用卡的屈巧这天却没带身份证，因此办卡的事情只能拖到明天了。

屈巧旁边的同事见她有办信用卡的意向，也表露出自己同样的心思，因此两个人约定明天一起办卡，并且进行了分工，屈巧负责给交通银行办理信用卡的业务经理打电话，那个同事负责后续事宜。达成协议后，她们办卡的冲动才慢慢消失。

第二天早上，办卡的那个同事便按照约定将身份证带到了公司，等着跟屈巧一起办卡。不曾想，屈巧今天却请假休息了。也罢，先不管屈巧了，同事自己拨通业务经理的电话，让对方中午过来。就这样，屈巧在家休息的时候，同事已经填完了申请办卡的各种资料。

又过了一段时间，接二连三错过办理信用卡的屈巧经朋友劝说后，再次动了想要办卡的念头。她想：现在办公室几乎每人至少有一张信用卡，而她却一张也没有，这次无论如何也要让自己成为“有卡一族”。

在她好不容易没有忘带身份证的情况下，屈巧拨通了那个业务经理的电话，却被告知对方已经被调到别处工作，屈巧办理信用卡的事只好再次被搁浅。

某天，公司因为资金周转不开，告知全体员工这个月的工资将推迟一个月发放。这时屈巧手中的钱仅够维持一个月的生活开支，可是过几天她又要交下一个季度的房租，而且月初闺密要结婚……层出不穷的状况，使原本收支平衡的屈巧一下子陷入了经济危机中，这可怎么办呢？

钱到用时方恨少，卡到用时方知无。倘若自己早早地把信用卡办下来，现在还能周转一段时间，也不至于出现如此窘况。厚着脸皮跟朋友们借了一些钱交上房租后，屈巧才正式进入申请办理信用卡的状态。现在申请虽然无法将她从水深火热的经济危机中解救出来，却能够使她避免以后经济上的重蹈覆辙。

最初，屈巧见同事们办理信用卡，她也有办卡的想法，但是想法刚刚出现，就被她无意识的拖延贻误了。当这个念头再次出现时，没有带身份证的她再次将它扼杀在了摇篮中，堂而皇之地在家里休息了一天。后来，当她终于要将这个想法付诸行动时，原先的那个经理却已经调离了工作岗位，拖延又一次地把她糊弄了过去。当她急需用钱时，才意识到办卡的重要。虽然她在最后也申请了一张信用卡，却错过了集体办卡时银行赠送的礼品，只收获一张裸卡。

屈巧“拖拉机”式的处事风格不是一蹴而就的，办理信用卡这件事就见证了她拖延的全部过程。刚开始她只是将事情往后推推，渐渐演变成了不管不顾。即便是跟别人约定好了，她照样很任性地调休。在朋友苦口婆心的劝说下，她试图证明自己不是“拖拉机”，但反被现实倒打一耙，于是她就光荣地加入了“拖拉机”的行列。

当你成为“拖拉机”家族中的一员时，对拖延的整个过程你会无比熟悉。其实除了办信用卡外，在生活和工作中，屈巧也是不折不扣的“拖拉机”，她的拖延通常经历以下四个环节：

第一个环节：这次我得早点儿开始。因为尝过拖延的恶果，在心理层面上“拖拉机”们都会有意去避免那种情况的发生。因此在接到新的任务时，他们会觉得早一点开始会比较好，这样才能按部就班地将它完成。奇怪的是，即使脑子里在收到新任务的那一刻就被种下了早点开始的念头，却还是因为各种原因不能够立即开始，因为他们觉得这样逼自己也没用，或许应该等它自然而然地开始。

第二个环节：我必须马上开始。耐心地等了一段时间后，工作还是没有任何进展，“拖拉机”们才开始担忧起来。他们认为自己必须马上开始，再拖下去肯定会像上次一样功亏一篑。随着压力的增大，心中的焦虑也会越积越多。对于抗压能力较弱的人来说，则需要将注意力转向别处，进行自我调整，如此又浪费了一些时间。

第三个环节：不开始会造成很严重的后果。随着时间无情的流逝，工作还是停留在刚接手时的状态。这个时候，他们已经错失了拥有良好开端的时机，只有将全部精力投入工作上才能保质保量地完成。倘若再拖延下去，不去着手进行手上的任务，不仅会被公司辞退，而且还要承担自己根本无力支付的损失。顶着压力，他们不得不展开工作，脑中闪过的种种不祥预感鲸吞蚕食着所剩无几的乐观情绪。

第四个环节：我再也不拖延了。截止日期越来越近，工作进度却始终提不上来，焦虑和压力无形中增大了好几倍。于是乎他们总是不停地问自己：“真的是必败无疑了吗？”与此同时，却也不敢停下手上的工作，因为一旦停下来，焦虑就会蔓延成灾，把“拖拉机”们折磨得人不像人鬼不像鬼。好不容易从噩梦般的经历中走出，惊魂未定的他们会告诫自己："下次，我绝对不会再拖延了，再也不拖延了！"

当我们不再将事情随到随做，随做随了，将一切都堆在心头，推到明天，那么我们已经成功地进化为"拖拉机"。深受其苦的我们在做事的过程中往往要付出更多的精力。即使是在拖出来的时间内，心情也是无比焦躁，因为该做未做的工作像一座大山压着我们。如此看来，拖延不仅不能节省时间和精力，反而会让自己承受双倍的压力。整个过程都在疲于奔命，劳累不堪。

有句话说得好：行动是成功的秘诀。如果你已经成为"拖拉机"中的一员，不必害怕。既然你能够将自己养成"拖拉机"，就能重新做回原来的你。只要你肯行动起来，就迈出了走向成功的第一步。

第2节　爱上网络拖延

在学生时代，从接触写作开始，周舟就对文字产生了一种特殊的情感，喜欢用手中的笔将心事写给自己看。久而久之，文字成了她生活中不可或缺的内容，与此同时，她的写作水平也上升到了一定的高度，还未大学毕业，她写的文章就出现在众多文学杂志上。

走出校门后，不再是学生的周舟心想，从今以后自己就要加入打工一族的行列了。给别人打工是无法避免的事，但是选择权在自己手上，为何不打自己喜欢的工呢？先后辗转于几个图书工作室后，周舟成了一家公司的专职撰稿人。她相信，凭着手中的笔杆子，一定能撑起以后的生活。她相信，只要她肯坚持，一定能从红尘的荆棘丛中蹚出一条血路。她深信，总有那么一天，她的作品会为她的人生代言。

转眼间两年过去了，雷同的工作将周舟从一个刚入职的新人熬成了职场上的老油条。随着工作经验的积累，业务水平和待遇相比之前也有了一定程度的提升。她手中的那杆笔除了如她所愿地解决了温饱问题，还让她能够在节假日做一次省内游。

安稳的工作和中等水平的待遇消磨着周舟走出校园时的豪言壮志，让她在安稳的环境中习惯了平淡，从她身上再也找不出当初那无所不在的激情了。在平凡无奇的岗位上，周舟日复一日地干着司空见惯的工作，每个环节都像一日三餐般寻常与随便，在不知不觉中她学会了“磨洋工”。

早上九点钟走进办公室，她打开电脑，习惯性地登录QQ，浏览一下网页上的新闻，逛逛社交论坛，回复一下上面的评论或留言，顺便逛逛淘宝，看看当当网上书店……这就是周舟每天到办公室后的例行工作。当这一切搞定后，已经十一点了，这时才想起来刚上班时领导交代她要在12点之前完成的稿子。习惯了在网络上消磨时光的周舟，遇到这种情况并不慌张，毕竟她也不是第一次将工作拖到这个地步了。

“现在距离十二点还有一个小时，中午还有两个小时的休息时间，三个小时完成一篇文章，时间简直是太充裕了。就算自己在十二点的时候把文章发给领导，领导也是在下午上班的时候才审核，所以说，晚一点交文章也无所谓嘛。”还未形成的担心，就这样被周舟分分钟的自我安慰给消灭了。

为了摆出准备工作的状态，周舟大张旗鼓地把办公桌整理了一下，又去洗手间洗了洗手。回来用毛巾擦手时，发现手上的指甲长了。刚剪完指甲，就发现屏幕右下角的小企鹅在闪烁，点开后看到是一位久违的朋友，就跟朋友聊了起来。

不知不觉就到了午饭时间，吃过午饭的周舟觉得有些乏了，心想喝杯咖啡提提神吧。边喝咖啡边想，但始终找不到一点儿创作灵感，于是她开始在网络上找灵感。晃晃悠悠又过去了一个小时，要写的稿子还是没有开始。

当周舟建好word文档后，准备在空白处泼墨渲染时，电话却在此时响了起来。当她打完电话，两个小时的休息时间已经过去了，周舟的稿子还是没写。仰天长叹一声后，她将会迎来领导的雷霆大怒。

现如今，庞大的上班族中如周舟这般的人不在少数，这类人被称作“网络拖拉斯基”。在这个信息大爆炸的时代，互联网已经成为人们生活中必不可少的工具，越来越多的人被挂在了这张网上。在一台联网的电脑前工作，我们的注意力很容易被无所不在的信息分散，不能专注于手头上的工作，自动开启了“顾左右而浏览网页”的模式，“拖拉斯基”便在此时见缝插针地找上了你。

试问，哪一个上班族打开电脑后，第一件事不是上网聊天呢？又有谁能在上班时间忍住不看新闻，不刷微博呢？谁又能做到一直追的电视剧，在弹出更新提醒的消息时，忍住不去点开看呢？在这些网络信息的“诱惑”下，我们将大部分的时间都浪费在了网络上，因此那些该做的工作只能推后、拖延。

将网络定义为“职场拖延”的罪魁祸首绝对是实至名归，集信息量庞大、更新速度快、各种娱乐软件等功能于一身的网络，实实在在地诱惑了无数的职场人士，并让他们落入了拖延的陷阱。本就做事拖拉的人，因为网络的原因在逃避工作时有了更充足的借口。工作随做随了的人，面对网络上形形色色的诱惑，也会放慢速度，渐渐被发展为拖延者的下线。

职场上的“拖拉斯基”们除了受网络的影响外，也有心理上的因素，工作能力的自我怀疑就是另一个重要的原因。通常情况下，这类人在工作上都遭遇过失败，自信心受到了打击，甚至在心里留下了阴影，以后在处理工作时就会无意识地逃避，甚至找一些蹩脚的借口拖延工作进度。因为他们很在意别人的看法，怕被人说成能力不足，因此网络的出现让他们的拖延变得更加理直气壮。

除此之外，工作上的乏味也是“网络拖拉斯基”队伍壮大起来的原因。对于职场人士来讲，几乎每天做的都是同样的工作，从中根本找不到自己想要的成就感，时间久了就丧失了当初的新鲜感，工作的热情也就一点点地消失了。与此同时，还不想失去这份工作的安稳，久而久之就出现了“磨洋工”的现象，每天上班就成了“磨洋工”式的熬时间。

这时，或许会有人站出来说：“那就该换一份工作。”可是，就算换个工作又能怎样呢，无非是换汤不换药，最后还是会重复这样的生活。比如周舟，写作是她上学时就喜欢做的事，兴趣如此浓厚的人都能被工作中的枯燥和重复折磨得采取逃避、闪躲等各种方式往后拖，能拖一小时绝不拖 59 分钟。

针对这种情况，最重要的是要做出一些改变。工作上的拖延，看上去是当事人的意志力不够，实则是动力的缺乏。身在职场的人应该学会提高自己存在的价值，如可以报一些培训班进行学习，接受一些专门的训练来提高自己的工作能力，如此既能体现自己的价值，又能在升职加薪中获得成就感。

另外，还要学会自我调节，平时多参加一些体育锻炼，来一场说走就走的旅行，听一场音乐会，慢慢地找回渐行渐远的激情，唤起工作中的热情，做到开心地工作，快乐地生活。

坚持一段时间后，你会发现拖沓是完全没有必要的。在不知不觉中，不管是工作还是生活，你拖延的次数都在渐渐减少。假以时日，它就会被你的乐观态度彻底驱除出境。

第3节　睡觉拖延伤身体

“今晚我要十点之前睡觉！”正在手机上追剧的欧阳信誓旦旦地对自己说道，并堂而皇之地定了闹钟提醒。作为资深的“晚睡一族”，为了让自己作息正常，每天晚上睡觉前她都要跟自己作一番这样的斗争。遗憾的是，尽管每次欧阳早睡的指令都发得斩钉截铁，却总是在无限制的拖延中灰飞烟灭，她的身体状态和精神状态也在每况愈下。

上周因为忙别的事情，欧阳错过电视剧的三集更新。今晚刚好将所有的事情都处理完了，她想着那些错过的剧情可以在这段闲下来的时间都追回来。欧阳说要早睡的话时，刚好是九点钟，而她还有两集最新的剧情没看。

看完一集时，闹钟适时地响了，本该按规定上床睡觉的欧阳却被剧中人物的命运所吸引，更是被接下来的剧情挠得心痒痒。没把控住自己的欧阳很利索地摁掉了闹钟，津津有味地看起了下一集，当更新的剧情全部看完后，已经十一点了。

看完电视剧，欧阳放下手机，揉了揉困倦的眼睛，心想虽然今天比预计的时间晚了一个小时，与之前相比却还是提前了。想到此处，欧阳走出卧室去洗澡刷牙了。

忙完一切后，欧阳躺在床上，临睡前习惯性地翻看手机。她刚进入聊天界面，手机就响个不停，列表屏幕上占满了等待回复的聊天信息。选择性地回复了一些消息后，又在群里跟一些“狐朋狗友”闲扯了一番，欧阳先前的睡意早已被搅得烟消云散。

于是，睡意全无的欧阳开始用手机刷微博，在知乎上刷长文，逛淘宝，看电子书……瞎忙过这一阵后，已是凌晨三点，扑面而来的睡意使欧阳哈欠不断，耐不住困意的她手里握着手机，满脸不情愿地进入了梦乡。

对欧阳来说，晚睡就像家常便饭一样频繁，她早已习惯了这种晚上睡不着，白天醒不来的生活模式，若不是那件可怕的事情发生在她的身上，她永远不会意识到晚睡的危害，也不会下定决心脱离晚睡的大军行列。

持续性的晚睡，使欧阳的精力大不如前。某天早上，欧阳洗漱完，正准备梳头时，突然发现洗手台上掉落了很多头发，凑近细看，才察觉到头皮上出现了奇怪的秃块，被吓呆了的欧阳不知所措地站在洗手间待了许久。

等她缓过神来才想起去看医生，不出所料，这种情况就是由于长期晚睡酿成的恶果。因为持续性的晚睡，欧阳身体的免疫力下降，进而导致头皮毛囊生命力减弱，于是头发便像凋零的“枯叶”一样接二连三地脱落。找到病根后，欧阳除了遵照医嘱服用一些药物外，也开始有节制地控制自己的睡眠时间。

欧阳的情况并不是人群中的孤例，随着“低头族”的异军突起，“晚睡君”的队伍也逐渐强大起来。手机成了生活中不可或缺的东西，熬夜玩手机成了一种必然的现象，像这种完全没有必要的熬夜行为就是我们所说的“晚睡拖延”。

欧阳因熬夜而造成的脱发，医学上被称为“斑秃”，它是一种自身免疫性非瘢痕性脱发。熬夜看手机也好，做其他事情也好，都不是一种健康的生活方式。长时间的睡眠不足，身体就会出现预警信号。体质较差的人，会提前出现身体上的不适，严重的会像欧阳一样，诱发脱发、掉发等一系列情况。出现这种情况，也不用太过担心，病理性脱发不是一种严重的疾病，发现后要及早到医院就诊。

反观自身，也是“晚睡族”。大学那会儿，挣脱了高中时代束缚的枷锁，重新获取了用不完的自由，生活和交际随之扩大，因此每天晚上宿舍熄灯后，还在抱着手机眉飞色舞地聊天，双方互道晚安后还是不肯睡去，晚上一点之前绝不肯睡；谈恋爱那会儿，一会儿找不到手机就像失了魂魄般六神无主，手机没电时生怕不能及时收到甜言蜜语的信息和错过要紧的电话，更怕对方因找不到自己而着急，就算白天腻歪在一块，晚上回宿舍后也会在 QQ 上诉说甜言蜜语，夜已过央，彼此的头像依然在屏幕上闪烁；参加工作那会儿，晚上也会因偶然的加班和追剧、赶稿而熬夜至半夜，从来都舍不得早睡。

经常性的晚睡使我们的睡眠时间受到了持续性的挤压，睡眠质量自然也很难得到保证，如此除了出现欧阳那种脱发的情况外，身体也会因抵抗力下降而出现一些不好的情况。低质量的睡眠降低了人体的免疫力，感冒、发烧等一些疾病就会乘虚而入。对儿童和大病初愈的患者来说，晚睡影响尤为严重。因此，消除睡眠障碍已是势在必行的举措。

明知道晚睡不好，还是会仗着青春年少而肆无忌惮地熬夜，直到朋友欧阳因熬夜而头发脱落时，才开始正视晚睡的危害，才开始检讨自己，尽可能地养成早睡早起的作息习惯。“晚睡”也是一种拖延，一旦跟拖延沾上边，摆脱它就势必要上演一场紧张而刺激的“世纪大战”。

【如何战胜“晚睡拖延”】

想要摆脱“晚睡”，首先要做到的是合理安排每天的工作。通常情况下，我们都会依照自己的性情安排工作进度，每当自己长时间走神时，就会轻而易举地以“大不了晚上再做”的想法来安慰自己，周而复始就会出现白天提不起精神，晚上特别兴奋的现象。这样不仅不能提高工作效率，反而会让自己一天到晚都处于忙碌的状态，进而使自己的身体健康受到威胁。合理的工作安排，不仅能使自己的睡眠时间得到保证，而且还会消除忙碌的假象，使身心得到充分的休息。

另外，消除各种影响睡眠的干扰性因素。如果你因为手机而熬夜，就要养成睡觉前关机的习惯；如果你因为周围环境的影响，就要尝试着为自己营造舒适的睡眠环境。

此外，与自己协商好睡眠的时间，可以适当地做一些睡前护理，如喝点温牛奶、用热水泡脚及按摩涌泉穴等有助睡眠的举动。

最后，要做的就是坚持，当你发现自己进入早睡的状态时，要学会坚持下去。即便是周末或节假日，也不允许自己睡懒觉，经常性地参加一些娱乐活动和健康运动，约上三五好友登登山、看看电影、跑跑步，身体素质就会跟着增强，精神也会越来越好。

第4节　拖延与颓废的怪圈

想起高中时代，李豪就后悔不已，若不是高中时期萌发的堕落贯穿流年，他就不会轻吐烟圈，酒后伤感。那时的他正值年少，洋溢着青春和阳光的气息，在学习上更是占尽风光，遗憾的是，青春时的明媚却搁浅在了高中时代的沙滩上……

初中三年，他的成绩一直相当优异，凭借着中考时遥遥领先的成绩，李豪顺利地被他们那里最好的高中——省实验中学录取。初入高中，李豪摆脱了初三时紧张与压抑的学习生活，高考的压力尚存在于想象之中，因此面对毫无挑战性的高一、高二，李豪对自己的要求降低了不少。

李豪仗着自己脑子灵活，领悟力强，并能够快速地吸收和消化所学的知识，甚至仅凭考前半个月的突击，就能在班上取得相当不错的名次。于是，他便不再像初中时那样将所有的心思都花在学习上，上课也不再认真听讲，连做作业都是草草了事。

久而久之，这种不加节制的放松发展成了无所顾忌，跟朋友出入KTV成了家常便饭，熬夜打游戏也成了一天中最重要的事，课堂上像一条疲软的虫子，趴在课桌上补觉，下课后如同活力四射的蛟龙，在虚拟世界里呼风唤雨。浑浑噩噩地读完了高中，不尽如人意的高考成绩外加家人的努力，使他在一所中外合办的大学里有了一席之地。

进入大学后，一切都使他感到新奇。跟高中比起来，大学的课时减少了一半有余，作业也减少了很多，完全没有了隔三岔五的各种考试，空下来的时间任由自己随意支配。简言之，就是师父领进门，修行靠个人！

李豪高中时代习以为常的放纵延续到了大学更为自由的环境中后，他成了一名彻头彻尾的“拖拉斯基”。刚进大学那会儿，李豪还知道要给老师和同学留下一个好学生的印象，每天早出晚归，适应新的环境。

然而，好景不长，新鲜感还没过去，李豪就被打回了原形，不同于国内传统教学方式的外国模式，让他越来越力不从心。面对一团糟的学业和人际关系，他故态复萌。为了摆脱精神上的困境，他索性开启了混日子模式，将注意力转移到虚拟世界和放纵的玩乐中。

不久，他整个人就变得相当颓废，凡事能推就推，能躲就躲，在万不得已的情况下，就把事情拖到不得不做的时候才匆忙了事。因此，不管是各个科目老师留的作业，还是一年一度的期末考试，为了顺利过关，他都会不遗余力地在截止日期临近时抱佛脚。

在颓废中浸泡太久，李豪也意识到了这样不对，也想做出一些改变。他甚至强逼自己调整了大学生活模式，每天早上背一个小时的单词，课余时间去图书馆看一些与专业有关的书籍，晚上在操场上跑跑步。然而坚持不了多久，李豪就会再次落入拖延和颓废的怪圈中，再次沦为拖延分子。

从故事中我们可以看出，高中之前的李豪也是一个好学上进的阳光少年，然而他积极的心态没能抵挡住自由的诱惑，明媚的个性蒙上了孤独、顾虑、恐惧的心理阴影，这种心理拖着他一直向下陷，直至把他拖进“颓废和拖延”的深渊。

关于李豪的种种变化，在心理学上有一定的依据。如他这般不计后果的放纵，必然会使人出现消沉、颓废、郁闷、迷惑、焦躁不安等失衡的心理，这种不良的心理状态被称作“灰色心理”。如果长期不进行调整，学业或工作势必会受到影响，并且还会陷入自暴自弃的恶性循环中。

这种心理是抑郁症的先兆。著名影星张国荣自杀的结局就是抑郁症造成的。相关统计表明，在青年群体中，抑郁症患者以每年 11.3% 的速度增长。因此控制阴暗心理的滋生，也成为一种预防抑郁症的必要手段。

除心理原因外，还有情绪上的因素。李豪的颓废就与情绪脱不开关系。起初积极好学的李豪，所有的心思都用在学习上。进入高中后，过度的自由让他失去了把控自我的能力，在闲散舒适的环境中，他不再以学习为自己的使命，对好成绩的追求也越来越淡忘，久而久之精神上无所依托，情绪随之陷入了经常性的波动起伏中。不平稳的心态使他的生活成了一团乱麻。

我们生活在一个信息急剧膨胀的时代，也就是所谓的“信息爆炸”时代，信息量的暴涨使我们的生活变得多元化的同时，也加重了我们的精神负担。高中后，李豪开始接触电脑游戏，加剧了他的颓废进程。不仅李豪，我们很多人也或多或少地被膨胀的信息牵着鼻子走，当超过我们的心理承受能力时，就容易引发“现代信息膨胀综合征”。

随着信息的暴涨，生活节奏也日益变快，我们再也没有多余的时间跟好友聊天、听别人倾诉心事、跟恋人黏在一起……与此同时，我们也不再像小时候那样是全家人的焦点，也不再有谁停下来分担自己的喜怒哀乐。长此以往，我们就会感到失落，进而走入心灵的误区，稍有不慎就会被颓废和拖延所俘获。

当我们如李豪般变成“拖拉斯基”时，要学会合理安排自己的生活，培养一些新的兴趣，为单调的生活模式注入新鲜的血液。换句话说，就是让自己忙起来。一旦生活变得充实，就没有时间去颓废，心理和情绪都会得到适当的缓解，坚持下去，生活就能回到原来的轨道。

另外，我们还要学会寻找和抓住情绪体验的机会，在专注于自己的学业和事业之余，要留出一部分时间关心他人，对陌生人多一些关爱，跟朋友多一些互动，与家人多一些相处，任何心灵的碰撞，都是一次情绪的升华。

保持心情的宁静，是抵抗多元化信息的最佳策略。面对纷繁芜杂的信息，宁静的心态能够使我们做到忙而不乱，有条不紊地对它们进行归类、分析和判断。不仅避免了信息间的相互干扰，而且使自己的应变能力得到提高。

学会正确面对自己，正视自己的现状，并理智、客观地采取有针对性的方法，将脑海中的想法立即付诸行动，发现不妥之处及时作出调整。只要肯坚持，就一定能跟拖延和颓废说再见！

第5节　拖成了“猪一样的队友”

送走了高考，在书山题海中奋战了三年的刘芳如愿以偿地拿到了理想院校的录取通知书。临近开学，在家人的目送中，刘芳踏上了抵达远方的列车。进入学校的大门，新鲜感扑面而来，还未从美好而又陌生的校园环境中回过神来，刘芳已被迎新的学长送进了宿舍。推开宿舍的门，赵瑞礼貌而又不失温情的招呼使刘芳颠簸一路的心平稳落地，闺密情深的大学之旅就由此拉开了序幕。

异地他乡，赵瑞成了刘芳在这所大学里认识的第一个人，而且住在同一个宿舍，一种新鲜而又温热的好感在两人之间弥漫，相互吸引的性情更让两人有了找到知己的感觉。友情深重，贯穿流年，不知不觉两人已经站在了大学的尾巴上——大四。

这时，在她们学院中，顺势刮起了一阵考研风，学习成绩还算不错的刘芳毅然决然地加入了考研大军。为了周全彼此的友情——不随大学毕业而散场，作为“中国好闺密”的赵瑞不仅全力支持刘芳上下求索于漫漫学术之路，而且以战友的身份站在了刘芳的身侧。

得知赵瑞有考研的念头，刘芳先是讶异后是欢喜，惊讶的是从不把学习当回事的赵瑞竟然萌生了考研的志向，欢喜的是两人可以向着共同的目标努力了，自己不再是孤军奋战，而且说不定她们俩还能考上同一所院校呢。

她们一番“歃血为盟”后，考研之路正式拉开了帷幕。为了让彼此的考研多一些胜算，刘芳一早就为两人制订了翔实的考研计划。

考研伊始，凭着一时的壮志在胸和发愤图强，赵瑞很是刻苦，不仅每天跟着刘芳早出晚归，而且很主动地为同学们答疑解惑。可惜的是，胸中那点儿“凌云志气”消耗殆尽后，有“逃课达人”之称的赵瑞便故态复萌，渐渐地成了临阵脱逃的逃兵。

好几天没见赵瑞了，刘芳刚开始还以高强度的学习为赵瑞找借口。一周之后，她虽然猜到赵瑞临阵脱逃了，却还是不敢相信。她知道考研对于赵瑞这样的知识盲点甚多的学生来说，走起来并不是很容易，但是只要坚持走完头两个月，后面的一切都会好起来的。当初两人说一起努力的时候，她们都是那样的认真，她又怎会轻易相信赵瑞会临阵脱逃呢？

终于有一天，刘芳忍不住了，觉得很有必要找赵瑞谈一谈，赵瑞的各种拖延行为实在是让她忍无可忍。将赵瑞从宿舍带到学校的操场后，刘芳歇斯底里地爆发了：“当初，我们说好的要一起努力的。可是你呢，你说你哪一天不是临阵脱逃。早上等你一起去图书馆，你总能从七点钟磨蹭到将近九点。中午说利用午休时间补习功课，而你却总是神不知鬼不觉地溜回宿舍睡午觉。晚上总该学习了吧，而你却舍不得抛下一直在追的电视剧，晚自习的时间也被电视剧堂而皇之地霸占了。我真的很想知道，你到底还要不要考研呢？这样下去，你觉得你能考上吗？”

刘芳越说越气，却还是恨不得一吐为快：“好多人都说，为了你这样‘猪一样的队友’动气不值。可是我们是朋友呀，我不想也不愿看着你考前特潇洒，到真正考试的时候却当起逃兵；不想你每到周末就加入不考研驴友联盟去笑傲山水；不想你为了拒绝学习找各种借口；不想你错过报考研班又要错失关键期。我希望考研路上你是我的战友，而不是别人口中的‘猪一样的队友’。”

说完最后一句话，刘芳转身向宿舍走去，将“猪一样的队友”这个问题留给了在操场上手足无措的赵瑞。

作为“拖拉斯基”中的一员，我相信故事中的赵瑞不是故意将自己拖成“猪一样的队友”的。说一起努力的时候，她是认真的，毕竟她们是那么多年的好朋友。赵瑞坚持了一段时间后想放弃，也是真的，毕竟让一向不爱学习的她变成学霸级别的人物，转变得也太过突然了，凡事都需要一个过程。同样，赵瑞将自己拖成“猪一样的队友”也有她的过程。

最初为了共同的目标，赵瑞可谓是改头换面，强行开启了学霸模式。无奈启动得过于迅猛，学霸模式“耗电”能力又过强，而赵瑞自身的“配置”又跟不上，不得不被打回学渣状态。身在窘途，刚立下雄心壮志的赵瑞不知该如何面对窘境，自动开始选择逃避模式。

于是就出现了上文提到的去图书馆磨蹭拖延，把午间补习功课的时间偷换成在宿舍睡午觉，晚自习的时间也被追剧所霸占的情况。因为不知道该怎么办，赵瑞只好使出了近乎无赖的拖延伎俩，这既是她应对压力的策略，也是她自我调整的方式。

久而久之，赵瑞就成了“拖拉斯基”中的一员。可是，她并不觉得被拖延套牢是一件坏事，在她看来，这甚至可以说是一件好事。因为她发现，拖延不仅让她找回了先前的轻松，而且少了考研路上风声鹤唳的烦恼。

初尝拖延甜头的赵瑞在不知不觉中越陷越深，她起初所追求的放松与调整不受控制地演变成了放纵。隔三岔五还会去图书馆自习室埋头学习的她，变成了到周末都找不到她的人影，更有甚者，她将自己变成了足不出户的“宅女”，而且以撒娇卖萌的方式让刘芳帮她带回一日三餐中的午餐和晚餐。

作为赵瑞最好的朋友，即便是别人将“猪一样的队友”的名号挂在了赵瑞的名下，刘芳却并未对她心灰意冷，她在梦开始的地方等待着赵瑞悬崖勒马。遗憾的是，赵瑞意识到自己成为拖延的俘虏后，已无计脱身。

当刘芳建议她报考研班时，她也想马上将此事办妥，与此同时却又担心自己不行，就只好被拖延推着走。她也知道同学在背后是怎么说她的，她也不想拖累刘芳，为了掩人耳目和麻痹自己，她便开启了自暴自弃模式。

幸运的是，在赵瑞即将滑入拖延的深渊时，刘芳对她倾吐了一番肺腑之言，想摆脱“猪一样的队友”之名的赵瑞又开始重新审视自己。

战胜拖延，从自省开始。一旦你开始正视自己，拖延思维就会发生改变，就会对自己做一个全面而又透彻的分析，找出拖延的根源并想出应对之策，就会一步步地走出拖延的怪圈。

第6节　职场上的拖延大军

中文系的写作能手张京是校报的副主编，毕业后在老师的推荐下很顺利地进入了当地的一家报社。进入职场，张京很珍惜也很看重这份工作，还是实习生的她，为了学到更多的知识和得到领导的认可，每天除了完成领导安排的各项工作，晚上回家后她还不忘挑灯夜战，熟悉报纸各个板块的内容，有时也会试写几个小片段，希望自己能够很快上手。

功夫不负有心人，张京的任劳任怨和勤勉得到了领导的认可。随后，领导安排专人对她进行工作上的指导，本就是写作好手的张京在高人的提点下，没过多久就能写出符合报纸风格的像模像样的文章来。审阅过张京写的几篇试稿后，主编对她的思路和文笔赞不绝口，张京平稳地度过了实习期。

不管是工作态度还是文稿质量，张京实习期的表现都无可挑剔。这不，实习期刚过，主编就忙不迭地给张京安排了几个新的选题。张京并没有因为领导的青眼有加而有所懈怠，因为她有更高的目标——一杆笔舞出属于自己的乾坤。

一心想在工作中有所成就的张京接到任务后不敢有丝毫马虎，她对领导安排的任务做了一番分析后，又翻阅了一些由领导亲自执笔的文章，做完这些准备工作后，她才开始根据选题策划着手准备接下来要写的文章。

安排好篇章布局后，工作起来是极快的，本来是一周的工作内容，张京只用了三天就搞定了。对文稿进行了一番极为细致的审校后，张京才将文稿发送到主编的邮箱里。点下发送键以后，她如释重负地舒了一口气。

在接下来的一年时间里，只要是领导安排的任务，她都会保质保量地提前两天让稿子万无一失地躺在领导的邮箱里。大会上的多次点名表扬使张京成了有名的“快手”，因为工作上的出色，张京被任命为部门的小领导。

“两耳不闻窗外事”的时候张京倒能做到“一心只读圣贤书”，荣升为部门领导后，她的工作内容便又多了一项人员管理。

部门中最让她招架不住的就是最会撒娇卖萌的王小宁。每次任务安排下来，王小宁先是把选题浏览一遍，然后把好写的放在一起，有趣的放在一起，无聊的放在一起，难写的放在一起。

对于好写的文稿，王小宁理所当然地将这些分分钟就能完成的稿子放在了最后；对于有趣的选题，她觉得应该好好斟酌，将趣味性全方面地挖掘出来，自然不着急写；对于无聊的选题，她看着就心烦，索性能拖一天是一天；对于那些难写的选题，她每天的态度就是，今天状态不好，明天再写吧。

在王小宁很不科学的工作安排下，之后好几个明天都被她复制粘贴成了“今天”。截止日期到来前，还未完成任务的她开始对着领导各种撒娇卖萌，奇怪的是，每次她都会在截止日期到来前的最后一刻交稿，因此自然能顺利过关。

一段时间的观察后，张京发现部门里的其他人也深得王小宁的真传，甚至一些大领导也成了“非死线（deadline）不写稿”的成员。激情被时间消磨过半后，张京也开始不自觉地向“非死线（deadline）不写稿”靠拢，渐渐地成了大环境下的牺牲品。直到栽了跟头，她才如梦初醒。

拖延霸占了她的工作后，她开始接二连三地出现失误：原本应该她写的稿子被别人抢了；应该早点去采访的人被拖延至别人出差；摆在案头的重要选题被她拖得没影。一连串的失误使她在主编那里受到了严厉的批评，她心里是万分的懊恼。回到岗位上，“队友”们的安慰又让她找到了原谅自己的理由。

晚上回到家后，张京翻开了大学时代的日记本，扉页白纸黑字的豪言壮志让她羞愧难当，她不得不承认自己已经不再是那个当初有理想、有抱负的热血青年了，她早已开启了“当一天和尚撞一天钟”的等死模式。

为了排解铺天盖地的烦恼，张京登录上了QQ，想找昔日一起奋斗的小伙伴聊聊天。于是她点开了一些亮着的头像，收到的回复都是正在加班加点地忙碌。

她关上电脑，眼前浮现出了当初加班加点努力上进的自己，心里暗暗下定决心：该做一些改变了，明天又是新的一天。

拖延实在不是一个新鲜的词，随着互联网日新月异的发展，它成了高频热门词汇，职场上的拖延大军也因此增加了数倍。美国加利福尼亚大学资深心理咨询师简·博克认为：“全世界拖延者的数量越来越多，互联网是罪魁祸首。网络越来越成为人类逃避工作的首要借口和避风港。网络触手可得，一天24小时一周7天永不停息，随时可供打发时间，任何时候都可以在上面冲浪、聊天、看电影、玩游戏，这比工作要容易得多。”

对“拖拉斯基”们来讲，网络虽然是一个不容忽视的原因，然而究其根源却是心理方面的问题。故事中的张京在学校里是出了名的好学生，出来工作的她虽是一张白纸，却是一个对自己要求极高的人。

换言之，她就是一个完美主义者，不管做什么事，她都希望自己能够达到一个很高的境界。初入职场时，她凭着自己的坚韧和踏实，可以说是将工作做得尽善尽美。后来出现一些失误后，她开始变得异常谨慎，不管是多小的事情，她都不肯也不敢轻易展开工作，总是将大部分时间花在规划和推演上，渐渐地成了职场上的“拖拉斯基”。

从心理层面分析，王小宁的拖延行为很大一部分就是对工作能力的不自信。跟张京同一时间进报社的她，因为能力所限，没能像张京一样受到领导的器重，使她觉得技不如人，于是就产生了逃避心理，觉得自己的能力不如张京，不能很好地完成任务，索性就一拖再拖。一而再再而三地拿没兴趣、状态不好、时间不够等借口来拖延工作的进度。

对此，有心理专家认为，这类职场人士很在意别人如何看待自己，是因为他们害怕被说能力不足，所以就拿拖延当挡箭牌，让更多的人认为是他们不够努力造成的。

除此之外，我们不能否认，王小宁同时也是一个内心不积极上进的人，一遇到困难就容易懒散、颓废，什么事都不想做，而且擅长为自己找各种理由开脱。比如，为什么别人不做，偏偏让我做；我为什么非要今天就开始做，明天再做也可以，反正还有时间；我这会儿心情不好，等心情好了再做等之类的借口。在无限放大的任性中，他们成了“拖拉斯基”中的一员。

张京和王小宁一步步走进了拖延，除了被日复一日的重复磨去了激情，还因为受周遭环境的影响——做一天和尚撞一天钟。因为报社中很多老员工都不愿花大力气去做事，也不想出风头，接到自己不喜欢的任务会习惯性地感到反感，会认为反正干完这件事还有下一件要做。在这种心理的把控下，便开始了能拖多久就拖多久的拖延模式。

第7节　拖延时间=浪费生命

白色的病房内，一位生命垂危的病人迎来了他生命的最后一刻，黑夜中死神神不知鬼不觉地来到了他的身边。死神到来之前，这位病人的脑海中闪现过无数次死神的影子，当死神真的到来时，他依然是那么的恐惧与害怕。

于是，生有所恋的他哀求死神：“死神大人，求求您再给我一分钟吧。”死神回答道：“请问先生你要一分钟干什么呢？”病人说：“我想利用这一分钟去看看蓝天，看看大地。我想利用这一分钟的时间看看我的朋友和亲人。幸运的话，我还可以等到那朵花开。”

死神回答道：“听起来想法不错，不过我不能答应。因为你所留恋的一切，我都给你留了足够的时间，遗憾的是，到生命尽头你才知道珍惜。接下来，让我们看看属于你的时间账单吧：

在这几十年的生命中，你有三分之一的时间在睡觉。在剩下的岁月中，你经常性地拖延时间。在你的一生中，你总是感叹时间太慢，你一共感叹了10000次，几乎每天一次。上学后，你的家庭作业从来没有按时完成过。成年后，你又总会时不时地在花天酒地中虚掷年华。

另外，还有一些时间账单明细需要你知晓：做事拖延，从青年到老年共耗去40000个小时，相当于1667天。你做事虎头蛇尾，总是让事情返工重做，这又浪费掉了300多天。

除此之外，你还会经常性地偷懒、发呆；工作中你总是抱怨、自责、为拖延找各种借口，事后又为推卸责任找理由；正常上班时间，对于手头上的工作你不管不问，肆无忌惮地跟同事谈娱乐聊韩剧，跟朋友煲电话粥，甚至旁若无人地呼呼大睡；这些年你参加或组织了无数次无聊透顶的会议，每次都是从会议开始就昏睡，一直到会议结束才醒，如此又浪费掉了大量的时间……”

死神的话还没有说完，病床上命悬一线的病人已经驾鹤西去，死神无奈地叹道：“倘若活着的时候，你能够节约几分钟，就能听完你这辈子的时间账单了；倘若你在工作和生活中远离拖延，你就有足够的时间去好好看看这个世界，倾听花开的声音，欣赏春天的柳绿花红，在家人的呵护中感受人间至暖。世间最无奈的事，莫过于当你意识到的时候，已经为时已晚。”病人在死神动手之前，已经被后悔带去了最后一口气息。

人生是一趟有去无回的旅程，错过的风景、错失的时间、错过的情感，错失了最佳时机，就再也没有回头的余地，也没有任何弥补的可能，你只能带着遗憾往前走。在前行中失去，在失去中懊悔，在懊悔中走向人生的尽头。

因此，在这仅有一次的生命中，如果你不去珍惜，一味地浪费，你的人生不仅失去了它所存在的价值，而且让你没有足够的时间去实现你生命中那些大大小小的愿望。肆无忌惮地浪费，只能将你的人生变成浪费的人生；毫不在乎地拖延，只能将你的人生变成拖延的一生。

生命是有限的，时间亦是有限的。总有一天我们会悄然老去，总有一刻我们的时间会所剩无几。既然会为浪费的时间而后悔，那么我们为何还要任由自己去浪费、拖延时间呢？因为年轻，所以无惧未来。因为青春，所以我们总觉得衰老遥遥无期。

很多时候，我们总认为时间还长。小时候渴望快快长大，长大了渴望快快工作，工作了渴望快快赚钱……期盼之快，不是因为时间不够用，而是因为太多，恨不得省去那些漫长的过程。

因为时间太多，所以我们觉得思考未来和实现自我是一件不必急于求成的事，反正时间多得很，也不急这一时半会儿，于是我们便开启了拖延模式，不断地给自己找不工作的理由，找拖延完成任务的借口。因为时间无节制地浪费，到头来我们的生命显得微乎其微。

拖延时间就是浪费生命。在大学就读的小张每天晚上都会在电脑上码字。隔壁屋时常来串门的小何见他总是对着键盘敲个不停，就过来跟小张说，等他买了电脑，就要开启学霸模式，学自己感兴趣的设计。

过完十一长假，小何也带来了一台电脑，听说后小张就凑过去问他，这些天都学了些什么。他对着小张开始大谈特谈他最新积累的游戏经验，小张耐心地等小何说完后才知，这就是他要学的“技术”呀。

不仅是小何，很多时候我们也是如此。没做某件事之前，总是想着如果是自己做一定会如何如何。真等到那么一天，发现自己蹈入的是别人的旧辙。其实我们都是“拖拉斯基”，总是说到做不到。因为计划赶不上变化，久而久之，很多事都做不好。

连续四次获得世界花样滑冰冠军的科特·汉密尔，从小就养成了良好的时间观念，不管做什么事从不由着自己的性子拖延。这个习惯的养成，源于母亲语重心长的教导。

在他很小的时候，因为跟小伙伴做游戏而忘记了写作业。对此，母亲并没有批评他，而是对他说了这样一段话：“上天给你的生命不过是许多分钟，而且是有限的。从你出生的那一天开始，你就只有这么多分钟的生活。因此，你必须好好利用每一分钟。”

所以，在他长大后，会不断地告诉自己，要抓紧每一分钟训练。天道酬勤，科特·汉密尔的努力终于换来了四连冠的回报。

花时间去工作吧，那是事业成功的代价；花时间去锻炼吧，那是力量的源泉；花时间去读书吧，那是知识的根基；花时间去梦想吧，那样你可以志存高远；花时间去学习吧，那是提升自我的技能；花时间去旅行吧，那样才能领略不同的风景。

浪费时间，就是在拖延你的生命。拒绝拖延，从拒绝浪费开始。为了让自己的生命精彩无限，请不要拖延时间；为了让自己拥抱更美好的未来，请尽快将存于脑中的想法付诸行动。

第六章

向拖延宣战

怎样阻止拖延行为的蔓延呢？让我们向拖延宣战吧！战胜拖延并非没有希望：让自己成为时间的主人，重构自己的生活方式，把自己的注意力集中在一件事上，避免因注意力分散而陷入拖延，将目标进一步分解、减轻任务的压力，激发工作热情……

第1节　驾驭时间与被时间驾驭

春暖花开的时节，狮妈妈生下了四只小狮子，朵拉是狮妈妈最小的孩子。小狮子们半岁后，狮妈妈将它们召集在一起，教它们一些在这个世界上生存的本领。学艺之初，小狮子朵拉对狮妈妈展示出的一招一式都格外好奇，因此像模像样地跟着学了起来。然而不到两天，小朵拉就厌倦了，因为它觉得那些招式很无聊，每天都是追呀、扑呀、咬呀之类极其简单的动作，无趣至极。

不远处的树林中，小鸟在枝头欢快地歌唱，蝴蝶在草丛里快乐地舞蹈，小绵羊在悠闲地吃着草。看到别的动物都那么自在，小朵拉就不乐意学了。心想与其在这里跟着妈妈装模作样地摆动作，还不如自己去那边的树林中自由地玩耍呢。趁着妈妈不注意，小朵拉一溜烟地跑进了树林中，欢快地又跑又跳。不知不觉到了午饭的时间，饥肠辘辘的小朵拉没心思玩了，就偷偷地跑了回去。看到玩闹了一上午的小朵拉回来，狮妈妈不仅没有责备它，而且还心疼地为它拿出一份可口的食物。

不学本领还有饭吃，小朵拉别提有多高兴了。为回报狮妈妈额外的恩宠，刚吃完饭的小朵拉冲着狮妈妈一阵撒娇，把狮妈妈逗得合不拢嘴，而后又一溜烟地消失在了树林中。狮妈妈觉得小朵拉还小，于是对它的贪玩也睁一只眼闭一只眼，认为反正现在教的只是一些简单的捕捉猎物的技巧，日后对小朵拉盯紧点就好了。

见狮妈妈对自己放任不管，小朵拉玩得更加肆无忌惮了。狮妈妈教兄弟姐妹识别猎物时，小朵拉便在草地上晒太阳；狮妈妈教兄弟姐妹如何追赶猎物时，小朵拉就在灌木丛中招蜂引蝶；当狮妈妈教兄弟姐妹认路时，小朵拉却在小树林中拈花惹草。一个人玩得不亦乐乎，早已把学习本领这件事抛在了九霄云外。

贪玩的小朵拉越来越不像话，狮妈妈实在看不下去了，亲自把它从树林中揪了回来，并让哥哥奕麦监督它练习基本功。玩疯了的小朵拉坚持了一小会儿就不行了，可怜巴巴地央求哥哥让自己休息一会儿，趁哥哥不注意的时候一溜烟地又跑进了树林中。

吃晚饭的时候，小朵拉拖着疲惫的身子回到了家中，神情严肃的狮妈妈语重心长地对它说："孩子呀，你这个年纪正是学习本领的时候，如果你这时不下功夫苦练本领，将来自己靠什么生活呢？"小朵拉撒娇道："不是还有妈妈您吗？有妈妈在，我什么时候学本领都不晚，更何况有好多动作我都会了呢。您就再让我逍遥几天，求求您了。"

寒来暑往，不知不觉小朵拉已经18个月大了，已经到了该独自开创新生活的年龄。终于可以摆脱妈妈的束缚了，小朵拉在林子里快活地走啊、跳啊，心里美滋滋的。可惜的是，小朵拉这种好心情并没有维持太久，还没到中午，它就饿得前胸贴后背了，不得不亲自去寻找食物。兜兜转转找了好久，小朵拉却一无所获，好不容易看到一只兔子，它那三脚猫的功夫却没派上用场。饥肠辘辘的小朵拉这才意识到本领的重要，在回家的路上流下了悔恨的泪水。

如果你不能成为时间的主人，那么你必将被时间奴役。就像故事中的小朵拉，把本该用来学习本领的时间用来玩耍，最终使自己学无所成，面对眼前的猎物却束手无策，最后沦落到忍饥挨饿的可怜境地。它这种被时间奴役的行为，就是"拖拉斯基"的惯常表现——拖延。

有道是"当局者迷，旁观者清"，对于身在"局"中的人来讲，拖延现象就是一团迷雾，遮住了自己的眼睛，若不严查细看，很难意识到它的存在。因为拖延不是一蹴而就的，它是一个多变而又复杂的过程，在这个过程中伴随着一系列自欺欺人的借口、无来由的焦躁、别人口中的笑话和可怕的后果。

一开始，小朵拉以为自己只是有点贪玩，便轻易地原谅了自己。而后看着哥哥姐姐在勤学苦练，害怕自己赶不上，索性就给自己找一些继续玩闹的借口。随着差距的拉大，小朵拉更加心灰意冷，破罐子破摔，让自己变成了狮群中的笑话。最后捕捉猎物时，一无所获的结果让它彻底意识到这件事情的可怕。

在日常生活中，我们偶尔也会出现拖延，但这并不是电影《2012》中的世界末日，而是一件无伤大雅的小事。比如，你每周都在固定的时间去超市购物，突然有一次你推迟了一天，这种拖延是不值一提的。然而，如果你经常性地为收拾前一天留下来的烂摊子而忙得喘不过气来，说明拖延已经严重影响了你的生活。或许它不会造成多么恶劣的影响，却会让你始终活在紧张压抑之中，长此以往，难保不出现问题。

不管你的拖延是哪种形式，你都需要采取一些行动阻止这种行为的蔓延，让自己走出拖延的怪圈。拖延本身就是很好的教材，因为身处拖延之中的你更能了解自己的状态，很清楚自己是如何一步步迈入拖延的深渊中的，从而可以很准确地判断自己属于哪种形式的拖延。

毫无疑问，小朵拉的拖延是时间方面的问题。因为自己的贪玩成性，成了时间的奴隶，身不由己地荒废掉了大好的时光。当然，迷途知返的小朵拉若能从拖延中走出来，重新学习本领，依然可以成为顶天立地的狮王。

拖延并不是无药可救，被时间奴役的你只要肯做出一些改变，同样可以重新做回当初那个意气风发的自己。眼下就有一个极好的方法：当你着手处理某项任务时，要为自己设定一个时间，如写一封邮件或阅读一份文件，为自己设定半个小时或一个小时的期限，接下来用倒计时的方式展开工作。到最后你会发现，同样的工作跟以前相比，会省下来不少的时间，工作效率也大大提高了，自信心也会随之上升，长期坚持下去，何愁不能成为时间的主人！

第2节 造东风而不是等东风

战国时期，宋国有一个农夫为了生计，天不亮就去农田侍弄庄稼，天黑了才带着农具回家。因为没有其他谋生技巧，靠天吃饭的农夫只能在农事上更加勤快，以期来年有个好的收成。这种日子虽然辛苦，却还是有盼头的。

有一天，忙累的农夫靠着地头上的一棵大树休息，忽然一只受惊的兔子如离弦之箭般从草丛中跑了出来，一头撞在了农夫靠着的那棵大树上。因为用力过猛，兔子的脖子硬生生地折断，躺在地上没挣扎几下就一命呜呼了。

农夫被突如其来的事件惊得目瞪口呆，兔子死了好一会儿，他才走过去把那只“不长眼”的兔子捡起来。苦惯了的农夫拿着足够他饱餐一顿的美味，仍然不相信天上掉下来的“馅饼”是真的，难不成自己在做梦？他狠狠掐了自己一下，清晰的痛感让他意识到这一切都是真的。他高兴地想：“没想到天下还有这样的好事，没费一点儿力气，就白捡了这么大一个便宜，今天回去可以吃一顿美美的晚餐了。”

为了防止到手的美味凭空被人夺去，也为了犒劳一下劳累了一天的自己，农夫决定今天提前收工，于是他拎着兔子走在了洒满夕阳的田间小路上。回到家后，农夫心里美滋滋的，兴高采烈地为自己张罗了一顿丰盛的晚餐。对于好久没吃到肉的他来说，这顿兔肉大餐无异于满汉全席，越吃越有味儿，越吃越上瘾。

饱餐一顿后，农夫带着意犹未尽的兴奋进入了梦乡，连梦都有了甜美的味道。在梦中，农夫又一次在地头的那棵树下捡到一只撞死的兔子，回到家后变着花样儿做兔肉吃，整个人完全陶醉在这场美梦中，天亮了都舍不得从梦里醒来。

回味着昨晚那顿丰盛的晚餐和那场好梦，农夫心想："既然有第一只笨兔子自寻死路，就会有第二只。我的运气一定也会像今天的天气一样好，肯定还能再在那棵大树下捡到一只撞死的兔子，毕竟昨晚还做了那么一场好梦呢。"

抱着这种想法，农夫兴高采烈地来到了田里，边干农活边等另外撞死在树上的兔子。时间分分秒秒地流逝着，预想中的兔子还是没有出现，农夫越等越着急，最后连干农活的心思也没有了。他索性放下农具，走到地头像昨天一样靠着大树休息，尝试着以昨天的方式等待"没长眼"的兔子。

左等右等，连兔子的影子也没等来，想必这下农夫该死心去干农活了吧。但农夫心里却不这么想，他觉得要是等来一只兔子，不管是自己吃还是拿出去卖都是一笔稳赚不赔的买卖，再等等又何妨。不知不觉，这一天就被农夫瞎等过去了。

一天又一天，农夫还守着地头的那棵大树，等待着一头撞死的兔子，农田里的草淹没了庄稼他也不管不问。在他看来，等来一只兔子，相当于干一个月的农活，就算田地荒芜也还能吃到兔肉。可事与愿违，一直到庄稼枯死，杂草遍地，农夫也没有等来第二只兔子。

对于故事中农夫的"贪婪"，我们只能报一声"悲哀"的叹息。一次意外的不劳而获，让农夫产生了总想不劳而获的心思，整天幻想着天上能掉馅饼。然而，世上没有免费的午餐，在没有行动的支撑下不劳而获的贪念永远不会成为现实。

人生在世，谁没有半点贪婪之心。但凡有点进取心的人都不会满意自己的现状，都想拥有更广的人脉、更多的金钱、更大的权力。这种虚荣心催生出的贪婪并不可怕，可怕的是在贪婪的唆使下误入歧途，在贪婪的教唆下投机取巧，更可怕的是，在贪婪的诱惑下坐等喜从天降。

贪婪不可怕，真正可怕的是面对这种贪婪不作为。一只撞死在地头树上的兔子，激起了农夫的贪欲，不再安于日复一日地田间劳作，渴望在不劳而获中享受生活。从那以后，他便不务农事，日复一日地守在地头那棵曾撞死过兔子的树旁，等待着新兔子的到来，以至于落得田地荒芜，青黄不接的下场。

农夫的贪婪并没有错，错的是，他的贪婪是建立在虚无缥缈的幻想中，不曾有过一丝一毫的努力。倘若农夫吃过美味的兔肉后，从第二天就开始想方设法地去捉兔子，而不是一味地空等，或许为了成全这份贪婪，有朝一日他会成为一名出色的猎人，那样岂不是日日都能吃到美味佳肴？退一步说，假如农夫吃过兔肉后，就把这件事忘了，第二天依然像什么事都没发生一样该干吗干吗，以后的日子虽然没兔肉可吃，但靠田里的五谷杂粮依然可以果腹。

无所作为的拖延，只会让人自食恶果。与其像农夫这般坐等东风的守株待兔，倒不如自己去创造东风。迎难而上不一定会得到预期的效果，但无所作为的空等一定不会有好的结果。所有的想法没有必要的行动作为支撑，到头来终究是虚幻的海市蜃楼。

创造东风，就是从拒绝拖延开始。如果你的脑中也存有农夫“守株待兔”式的幻想，就要想方设法去克服这种危险的思维，因为一味地幻想只能是空想，只有切切实实地行动才能将你所有的想法落实。

不甘于田间劳作的农夫想天天吃到美味可口的兔肉，并总是被这种想法迷得神魂颠倒，但他却只是停留在空想的状态，不肯也没有实实在在地努力一把。因此当我们想得到我们垂涎已久的“兔肉”时，就不要任由自己像农夫那样一味地等东风，要行动起来，竭尽全力去创造东风，把所有的注意力都放在“兔肉”上，拖延的想法就无处容身。

当我们深陷拖延的旋涡时，要警惕“守株待兔”的思维，勇敢地去解决问题。等不来东风，我们就要学会去创造东风，进而借助这股东风扶摇直上，跃出拖延的旋涡。

第3节　改变懒散的生活方式

小薇是个很普通的姑娘，说她普通并不是因为她身上没有亮点，而是她一直过着属于她自己的“普通”生活。每天早上睁开眼后，她总是习惯性地先拿起手机玩一会儿，上QQ，刷微博，回复微信……等到宿舍其他人都陆续起床了，甚至有的人已经洗漱完毕，准备吃早饭的时候，她还在雷打不动地玩着手机。直到宿舍中除她之外的最后一个人离开，她才慢吞吞地从床上爬起来。

大学以来，每次上课，她都是很准时地踩着铃声去教室；课堂上，老师在讲台上认真讲课，所有同学都在奋笔疾书，做课堂笔记，唯有她懒洋洋地趴在课桌上晒太阳；课余时间，身边的同学和朋友们都在忙着参加各种课外活动、社团，学习绘画、音乐……小薇却依旧沉浸在手机世界中，手机没电的时候才会偶尔和同学瞎闹一阵。周末，除了回家的同学，大家都选择去兼职、打工、到图书馆看书……小薇却懒散地躺在床上。

日子就这么一天天地过去了，力求上进的室友们要么考取了代表各种技能的证书，要么练得一手令人称赞的吉他，再不济的拿到了奖学金。小薇在羡慕别人的同时，也为自己的不思进取感到羞愧。

到了晚上，宿舍所有人都开始睡觉的时候，她脑海里开始一帧帧回放今天的生活，以及过往没有一点区别的生活……在黑夜里，她面对着墙壁，暗暗地发誓：“明天，明天一定要改变，一定要早点起床，早点去教室，好好学习……要去学习绘画，去学习唱歌……”

第二天早上，想做出一些改变的小薇没能克服自己的惰性，一脚又跌入了往日的旧辙。看着自己与同学逐渐拉开的差距，先前沉溺于手机的小薇感到一阵空虚，对未来无任何规划的她不由得迷茫起来，极其厌恶不争气的自己。她恨自己刚发过誓，没过几分钟就故态复萌。尤其是看到跟自己处于同一起点的朋友，学业上已经呈现出突飞猛进的趋势。

为什么别人都在一点点地变好，而自己却一直都是不争气的老样子？她无数次这样问自己，却只能徒增烦恼。她的生活就像是一潭死水，掀不起半点波澜。这是她喜欢的生活吗？不，并不是！她明明向往奔腾的河流啊，她明明也想像周围那些努力的人一样明媚地活着啊。可是，自己为什么会变成这个样子呢？

经过几天的劳神苦思，小薇终于弄清了问题的症结所在，若不是自己整天只知道玩手机，也不会是现在这个样子；若不是自己嫌学习太苦，也不会总是徘徊在挂科的边缘；若不是觉得学一门技艺太累，也不会至今一事无成。归根结底，是自己怕麻烦，太懒散，太过放任自流了。

她必须做出一些改变，必须将懒惰驱逐出境。为此，小薇专门腾出一周的时间，针对自己的各项弱点对症下药，设定了一系列的痛改前非的措施。因为她觉得现在的自己是她所鄙弃的，现在的状态是她想尽快逃离的，现在的生活方式是造成她一事无成的罪魁祸首。

我们的生活中不乏小薇这样的例子，甚至我们可能也是其中之一。因为懒得出门谈合作，错过了一批又一批的优质客户；因为懒得整理办公桌，工作上时不时地出现各种纰漏；因为懒得查找资料，做出来的报表没一点含金量；因为懒得学习新技能，从来得不到任何晋升的机会；因为懒得维系感情，终于把自己过成了孤家寡人。

我们听过太多勤奋的故事，看过太多懒惰的寓言，有些时候却还是逃不过懒惰的围追堵截。看到被懒惰附身的小薇，没有谁会喜欢过她那种懒惰颓废的生活。可是，我们谁都经历过那么一段懒散的生活。浑然不觉时倒是优哉游哉，明白了自己所处的困境后才会略有疼痛，待它对自己的生活产生深远的影响时，才会如小薇一般下定痛改前非的决心。

懒散的生活方式不是小薇想要的，也不是我们想要的。但凡有过这种经历的人，在那些睡不着的夜晚，眼睛死死地盯着天花板纠结自己的未来，负能量爆棚时会忍不住厌恶自己，无聊地发慌，空虚地抓狂，任凭懒散和倦怠将积极的情绪完全吞噬。

崇尚享乐的年代，谁都想拿最小的努力换取最大的成功，亦想以最舒服的姿态过最惬意的生活。当工作和生活上的压力袭来时，过分的压抑让我们不由自主地产生了抵触的情绪，进而形成“只要自己开心，舒服就是对的”错觉。乘虚而入的懒惰在我们贪图舒适的心思中日渐强大，等到我们有所察觉时，已病入骨髓。想要去除此顽疾，必须狠下决心刮骨疗毒。

俗话说：“知彼知己，百战不殆。”想要战胜懒惰，我们首先要了解它、审视它。何为懒惰？富兰克林说：“懒惰像生锈一样，比操劳更能消耗身体；经常用的钥匙，总是亮闪闪的。”懒惰是一种心理上的厌倦情绪，它会让我们觉得生活安逸，时刻处在休息当中。其实，在我们不知不觉间，懒惰正在一点点吞噬着我们的活力、我们的快乐，并且以此为食，让其变得更加强大。

对于我们来讲，懒惰其实是最具有破坏性的，也是最危险的恶习。它会让人一点点失去进取心、失去信心，并且会随着时间的累积一点点成为一种根深蒂固的坏习惯。为了达到偷懒的目的，我们甚至会在内心里为此找到成千上万种理由，把所有的事情都归罪于“太困难，太花时间，太麻烦”等，而且从内心深处坚定地认可这种理由，逐渐忘记了“只要我们努力，只要我们拼搏，就能完成任何事情”的人生真理。

懒惰不只是浪费时间，在生活和工作中还会造成种种恶果。比如，我们开始一点点觉得自己不合群，不能愉快地同亲人或者朋友交谈，尽管这些并不是我们的本意，我们甚至渴望与大家交流，但惰性阻止我们这么做；日常生活以及起居毫无秩序，没有规律，不讲卫生；常常迟到，没有时间观念，甚至逃课、翘班都不以为然；不能按要求完成任务，不能主动思考问题……

懒散的生活实质上就是变相的拖延，走出拖延的怪圈，最重要的是让自己忙碌起来，当自己花费了很长时间、很大力气完成一件事情之后，我们身上奔涌着满满的正能量，久违的自信便会日渐回归，从而做回那个意气风发的自己。

第4节　专注于完成一件事

某日，强哥从C城返回A城，时间还早，强哥索性在偌大的候车厅自顾自地玩起了百玩不厌的游戏——从旅客的面部表情揣测他们背后的故事。没过多久，问询台前的一幕引起了强哥的注意，强哥移步过去，观看接下来的剧情。

问询台处一前一后站着两个人，前面是一个稍显肥胖的中年女子，因太过焦急再加上天气闷热，该女子脸上的汗珠接连不断地往下流。后面是一位焦虑不安的老者，一个劲儿地往前探着头，焦虑不安的神情像是要急于咨询重要的信息。

问询台的服务人员是一名神采奕奕的小伙子，为了能够更好地倾听女子的诉求，年轻小伙倾斜着上半身友好地问道："您好，请问您想咨询哪方面的问题？"问完这句话后，年轻小伙习惯性地抬起头，以专业的服务态度注视着眼前的女子。见该女子言语支吾，小伙有意提醒道："女士，您是要到哪里去呢？"

年轻小伙正在跟女子交谈时，站在后面的老者试图插入他们的对话中，以期快速地解决自己的问题。令人意外的是，年轻小伙对试图插话的老者视若无睹，依旧耐心而又礼貌地继续倾听与解决女子咨询的问题："我想您要去的是B城，刚巧十分钟后有一趟去B城的班车。您在那边窗口买过票后，朝着左手边走500米，然后右转直走200米就是班车所在的候车室……"没待年轻小伙说完，该女子就已迫不及待地朝着售票窗口走去。

待女子走远，年轻小伙立即把注意力转移到老者身上，恰在他们两位正在交谈时，先前离开的女子又汗流浃背地跑过来，火急火燎地向小伙咨询候车处在哪里。年轻小伙并没有理会重新返回来的女子，而是在集中精力解决老者的问题，直到他处理完所有的问题并目送老者离开后，才又把注意力转移到女子身上。

看到此处，强哥颇为不解，年轻小伙明明花上半分钟就能够解决重新返回来的女子的问题，为何一个小小的问题就让她等这么久？为了弄清问题的答案，强哥向年轻小伙的方向走来。

走近的刹那，恰有人问那名年轻的服务员："每天面对如此众多的提问和行色匆匆神情急迫的旅客，你是怎样让自己保持冷静与耐心，并为之提供周到的服务的呢？"年轻小伙不紧不慢地回答："答案很简单，那就是只专注于完成一件事。看起来我是在跟所有的旅客打交道，其实我只是单纯地处理一位旅客。忙完这一位，才换下一位，一次只服务于一名旅客，直到他满意为止。"

听到这里，强哥若有所思地点了点头，转身朝别处走去。

专注于完成每一件事，就好比计时沙漏里一次通过一粒沙。只专注于一件事，思考才不会陷入混乱，在处理繁难之事时亦不会自乱阵脚。只专注于一件事，这样每处理完一件事就会增加一点自信，如此一来，效率就会提高，轻而易举地化解了低效率带来的烦恼。

为了让我们的大脑一次只想一件事，我们需要清除一些分散注意力和凭空施压的人或事，尽可能地把注意力集中在自己需要处理的事情上来，我们的思维也会随之完全地进入当前的工作状态。把大而繁难的事情简化为之，拆解成桩桩件件的小事，每完成一件就不再去想它，然后开始着手处理另外一件事，这样不仅能从中获得工作的快乐，亦能增强自信，进而了解自己的极限。

专注既是一种能力，又是一种精神状态，它可以通过增强注意力来实现。注意力的集中主要取决于两个关键因素：一是即时目标，敏锐地注视正在发生的事情；二是密集度，这种密集度是通过将所有注意力都集中在一个点上呈现出来的。我们都知道这样的常识，为了避免光线向四面八方扩散，我们使用反射镜将光线集中；为了使所有的光线集中在某个点上，我们使用凸透镜。事同此理，为了把所有思想和精力都集中在某件事上，我们必须保持专注。

日常生活中，我们总会受到这样或那样的事情干扰。最新的电影、最新上线的游戏、临近假期的诱惑出行、时尚用品的更新换代会经常性地占据我们的大脑，某个不经意的瞬间，我们的注意力都会被这些无关紧要的事情拉走，慢慢地忘记手头上的工作和分内的职责。

众所周知，人口流动密度最大的场所当属车站，那里每一天都会迎来或送走一批又一批旅客。形形色色的人群流经车站，行程紧张的旅客都会迫不及待地询问自己所关注的问题，并希望立刻便能得到答案。这对于问询台的工作人员来说，压力可想而知。然而，之前那名年轻小伙面对各种各样的旅客都能应付自如且对答如流，秘诀就是——只专注于一件事。

“一次只服务于一位旅客，必须做到让旅客满意。”这是他们的服务宗旨，亦是每个人的工作态度。所以遇到繁杂棘手的工作时，我们不妨学学问询台的那名年轻小伙。一次只着眼于一件事，长此以往地坚持下去，效率想不提高都难。集中全部的精力啃下工作中最难啃的骨头，再着手解决所有的问题，如此便能将繁杂的事物理出头绪，并有条不紊地逐一解决，避免了顾此失彼、效率低下等情况的发生。

【如何保持专注】

只专注于一件事，是循序完成任务的良方，它能使你高效地处理好手头上的每一件事。你是否时常被琐事缠得脱不开身，你是否工作起来毫无头绪，你是否总是觉得自己效率太低？若你想将注意力集中在一件事上，不妨试试以下几种方法。

1. 工作之前，你要尽可能地排除干扰，如断开网络，关闭手机，提醒身边的人在某时间段内不要打扰你。

2. 为自己营造一个适宜的工作氛围。清理办公桌上多余的物品，事先为自己准备一杯水，将室内气温设定为舒适的温度。

3. 分清事情的轻重缓急，遇到比较复杂的事情时，我们应该依据其重要性和缓急度列出来，知道自己具体要做什么，想要达到什么样的效果，需要哪些资料……然后一项项地进行，工作上的压力随着工作的进展也会变得越来越小。

4. 马上动手，坚持去做。做的过程中隔一段时间可以休息一下，审视一下工作进展是否理想，及时作出调整，才能走向最后的成功。

第5节　不给自己找借口

俗话说："一白遮百丑，一胖毁所有。"小丽每天起床后都要"三省吾身"：我钱花哪儿了？我咋又胖了？我怎么还没对象呢？天气渐冷，在不知不觉中脂肪已开始自动囤积。素来不爱锻炼身体的小丽，看着楼下的豆浆油条，眼里总是充满着恨意，她觉得所有吃的东西都在鄙视她的体重。

一个月后，渴望"脱单"的小丽终于邂逅了她的男神，想起之前几段因为自己的体重而使爱情无疾而终的惨痛经历，小丽就非常生气。白马王子翩翩而至，小丽高兴之余也意识到减肥大计必须马上启动。即便她已经撑宽了上帝赐予的俊俏脸蛋，但她却丝毫不怀疑自己的天生丽质，倘若真的能够减肥成功，男神对她该有多死心塌地呀。想到此处，小丽有些飘飘然，这种心情还没持续半分钟，硕大的身板就让她意识到了现实的残忍。

减肥大计，说启动就启动。为了表示自己强大的减肥决心，小丽义无反顾地办了一张健身卡，并且为自己制订了实操性颇强的计划，接下来要做的就是雷打不动地执行。开始之初，小丽保质保量地完成了计划中的内容，也隔三岔五地去健身俱乐部锻炼。有道是吃胖容易减肥难。减肥起步阶段，小丽的体重纹丝不动，看起来是没有降低，但最起码遏制了上升的趋势。然而，这对于当事人小丽来说，是远远不够的。

"再坚持一下就好了"，每天称过体重后，小丽都会习惯性地甩给自己这样一句话。就这样，小丽坚持了一个月，体重并没有出现她所想要的嗖嗖地往下降的结果，这多少让她有点心灰意懒。天气越来越冷，工作也稍显忙碌，减肥上没有收到多大成效的小丽，有了想要放弃的念头。

这天床头的闹钟如约地响起，躺在暖暖的被窝中的小丽，却没有如往日般把自己从床上拖起来。昨天熬夜处理工作的她，很是“体贴”地为自己取消了今日的晨练。第二天，贪恋上温暖被窝的小丽又为自己着想地取消了一天的晨练，一直到周末都是如此。周末是去健身俱乐部锻炼的日子，偷懒了一周的小丽快速地转动脑子，为自己找取消今日健身的借口，对，今天要跟闺密一起去逛街，这是老早就商量好的。

一天又一天，赖床成性的小丽再也离不开温暖的被窝，大门前的那条小路上，再也找不见她满头大汗的身影。层出不穷的借口延缓着她的减肥大计，久而久之就被抛到了脑后，无心去过问，再次想起，不知会是何年何月。

随着减肥计划的搁浅，小丽稍显下降的体重故态复萌，一点点地回到了体重刻盘上原来的位置，并有超出的趋势，小丽对此却不以为意，心想等来年开春了自己再重整旗鼓，体重一定会降下来的。再说，她现在的男朋友也劝她不要刻意去减肥。

冬去春来，小丽的体重有了一些上升，她开始重拾减肥大计，大有一举将体重拉回到以前的架势。然而却心有余而力不足，她每每欲与一身赘肉“决一死战”时，却再也找不回当初那股“视死如归”的豪情，也不再有那份心力。先前一次次的借口，彻底打压了她本不牢固的执行力，一次次的推托，使她再也提不起去健身房的兴趣。原以为等一些时日就能重整旗鼓，没想到的是，还没等到春暖花开，她的男神已绝尘而去。

故事中的小丽，减肥大计刚实施时，执行得相当好。坚持一段时间后，执行力就弱了下去，要求也一点点地降低，训练时间也一个劲儿地缩短，最后索性赖床不起。因拖延、偷懒等情绪作祟，小丽开始为自己寻找各种逃避锻炼的借口，在她这种得过且过的态度下，减肥这件大事沦落成了微不足道的小事，最后她不仅减肥没成功，而且深得她心的男神也悄然离去。

很多时候，我们跟故事中的小丽一样，憧憬着美好的未来，制订了翔实的计划，执行时却大打折扣，往往还大言不惭地找借口推托和抱怨。如果我们能下定决心，将胸中的宏图大志付诸行动，并坚持下去，那么不管是我们的工作还是我们的生活都会有所起色。遗憾的是，绝大部分的人都如小丽一般，开始时，执行得坚定不移，稍遇困难，便裹足不前，一味地为自己找借口拖延，直到自己失去最后一点热情，丢失了动力，丢失了信心，连带一起丢掉的还有理想。

今天该完成的工作却推到明天；现在该发送的邮件却推到下班；这个月该写好的稿子却拖到下一个月；这个季度该完成的进度却推到下一个季度……这些就是我们身边无处不在的拖延。因为拖延，工作完不成时，我们又会习惯性地将责任推到别人身上：工作太辛苦、工作环境差、老板要求太变态、公司管理有漏洞、留出的时间太紧凑等。

其实认真想想，拖延虽然是让我们获得了一时半会儿的轻松，可是谁又能真正做到轻松呢？因为懒惰，每天都不想处理问题，那么，未完成的工作就会时时闪现在脑海中，你如何能够做到轻松呢？因为拖延，我们除了要承受莫大的压力，还会在那些自欺欺人的借口中失去更多的东西。所谓的拖延，实则是我们的惰性在作怪，而为拖延想出来的借口，看似是在心疼自己，实则是在为惰性制造温床。

一遇到事情就往后拖，是一种很不好的工作习惯。在处理事情的过程中，我们都会习惯性地开启“活少、钱多、离家近”的思维，尽可能地让自己舒服点、轻松点，为了摆脱拖延衍生出的愧疚，寻找各种与工作无关的事情来释放情绪。

回到工作岗位后，方觉铺天盖地的压力层层袭来。

出于对自己的维护，不管工作中出现什么问题，我们都会习惯性地找借口自我安慰，对自己各种宽容，而后将过错推给他人。然而我们却从未想过，在浑浑噩噩的拖延中，自己的生命还剩下多少时光，自己又还能拖延几时，什么时候才能真正地当机立断一次，在被拖延而误的人生中扳回一局呢？诚然，不去“开始”永远都不会犯错，与此同时也拒绝了成功，真的是该好好地想一想了。

第6节 按照优先级别排序

李双在一家广告公司做设计，随着工作熟练度的提高，她完全可以在每天8小时的正常工作时间里搞定手头的工作。偶然的一次聚餐，闺密给她谋划了一个生财之道——兼职某网站的美工。她在心里盘算着，倘若利用业余时间接一些私活，不仅打发了无聊的时光，而且可以满足自己强烈的购物欲。一番了解后，李双觉得可以试试。

刚接私活时，李双每到下班就以最快的速度回家，而后在电脑上按照对方的要求，把自己的奇思妙想变成一帧帧令人耳目一新的图片。不知不觉一个月过去了，李双除了公司的正常工资，也领到一份可观的兼职工资，小日子过得别提有多滋润。

某日，在回家的路上，李双踏着满地的夕阳，突感一种久违的美好。老人们在树荫下三五成群地下围棋，孩子们在街边小路上兴高采烈地玩闹，手牵着手走过的情侣洒下一路静好岁月中的甜美，刚从校园里走出来的初中生攀谈着正在进行时的友情……这一切让她忍不住停下了脚步。她猛然发觉，自己已经好久没有好好地看一场日落，喝半天下午茶，看一场正当时的电影……

一路走一路想，李双回到家里后感觉身心俱疲，这天她并没有一如既往地处理尚未完结的兼职工作，而是让自己偷懒了一回。绷紧的神经一旦松懈下来，就很难再找回原先的节奏。李双感受到了闲下来的好处，不自觉地开始拒绝忙碌的脚步。

一周过去了，李双早已把未完待续的兼职工作抛到了九霄云外，在悠闲中乐不思蜀。一段时间后，李双彻底地将这种忙里偷闲过渡成了闲里偷忙，她再也无法如从前般在两份工作中自由穿行了。

果不其然，随着李双将偶然的放松演绎成时常的放纵后，她再也没有多余的心情去惦记那份老早就被她束之高阁的工作了，也没有多余的心力去经营自己，最后她终于把自己拖了进去。那边兼职工作的负责人隔三岔五地催促，这边的李双心有余而力不足地逃避着，眼睁睁地看着屏幕右下角的小企鹅闪烁出来的内容，却始终不敢回复只言片语，待那边的人的耐心消耗殆尽，兼职之事也就无疾而终了。

兼职之事泡汤后，对李双来说，无疑成了一件喜大普奔的好事。光是压力，就减轻了不少，失去兼职后，李双在玩乐的时候心情是前所未有的放松，再也不用为自己的无故拖延而对别人心怀歉疚了，也不用在额外多出来的截止日期前焦头烂额了。活着似乎就应该这样，对自己宽容一点。

过分的放松，在某种意义上就成了全方位的松懈。随着公司的发展壮大，每天的工作量也上升了一大截，即便李双在固定的8个小时内手脚并用，也无法如从前一样保质保量地完成一天的工作。对于现在深陷闲散而不可自拔的李双来说，下班之前完成工作更是难上加难，每晚回到家她都要加两个小时的班。

渐渐地，手头上的工作开始多了起来，李双变得越来越慌乱，为了逃避这种因害怕失败而产生的恐惧，李双像只鸵鸟一样将头深深地埋在了沙砾中。每晚处理未完成的工作时，刚坐到电脑前的李双就会无来由地烦躁，这时她就会站起来，在房间里来回走动。打开文档后，她又会以找不到灵感为由，去逛逛论坛，刷刷微博，浏览浏览朋友圈，听听音乐，等她真正开始工作的时候，差不多都是半夜了，这时她又会很宽容地让自己放下手边的工作去睡觉。

日复一日，李双的工作越发杂乱无章，往往是逮到哪件做哪件，从来没有轻重缓急之分，总是早该完成的任务尚未开始，时间尚宽余的工作已提前完成，因此误了不少事，也挨了好多次骂，就差被“炒鱿鱼”了。

被领导训得比较凶的那天夜晚，李双躺在床上，反思着这些时日的变化，突然发现曾经那个周旋于两份工作之中的自己是那么的遥远……唉，终究是对自己太过放纵了，明日真的该如领导所说的那样做一些改变了——把手头上的工作按优先级别排序，找回那个忙而不乱的自己。

综观故事中李双的表现，她的这种拖延属于个人事务的拖延。这种习惯性地推迟，总会时不时地让她感到恐惧，久而久之就会感觉压力过大。其实压力的存在，正是你需要自我提升的闹钟，那么你应该做的是去想方设法地参与某些训练的过程，而不是跷着二郎腿在沙发上读着八卦杂志，看着韩剧。

当我们因为这样或那样的原因深陷拖延时，要做的不是随波逐流，也不是自暴自弃，而是找出问题的症结所在，并去积极地解决。倘若故事中的李双在兼职中泡汤之后，就试着调整自己，之后就不会让自己陷入焦头烂额的死循环中。当然，在最后工作一团糟的情况下，李双若听从领导的建议——将工作按优先等级进行排序，也会一点点地远离拖延的深渊。

按照优先级别排序，就是我们对手头上所有的工作进行一个分类，不能只做一些不重要、不紧迫的工作，而把重要的事情丢在一旁，这会造成时间和资源上的严重浪费。当我们身上或多或少地存在这种现象时，就是在拖延。

【四象限法】

那么，这种优先级别的排序是怎样的呢？在开始工作之前，我们应该把这一天的工作放到分别以紧急和重要程度为轴的四象限中：第一象限为重要且紧急，第二象限为重要但不紧急，第三象限为不重要但紧急，第四象限为不重要而且不紧急。

重要而且紧急的事，就是你必须马上去处理的，否则将会造成严重的后果。比如，处理新闻媒体对公司的负面报道，为孩子填报高考志愿，危急关头去洽谈一份事关公司生死存亡的合同等。

重要但不紧急的事，即这些事情眼下看起来不着急去处理，却又不容忽视的。若是最开始你就不够重视它，那么它随时都会成为重要而且紧急的事情。例如，瞅准市场需求点后，你制订了一套行之有效的方案，却还没有着手实行；距考试时间尚远，你为准备考试买了一些书籍；为了过稿，你搜集了大量的写作素材。对待这个象限的事情，即使没有立即去做的必要，也至少要做一份时间计划表。因为说不定什么时候，它就成了重要而且紧急的事情。

不重要但紧急的事情，这类事情需要你尽快处理，然而不处理虽然不会造成严重的影响，但处理起来又相当耗时间的事情。例如，临时会议、停水停电等。

不重要且不紧急的事情，就是生活或工作中用来打发时间，自我调节的事情。例如，逛街、散步、看电视、玩游戏等。

当我们的工作或生活乱成一锅粥时，不妨试试这种方法。将每天要面对的事情分成重要且紧迫的事、重要但不紧迫的事、紧迫但不重要的事和不紧迫也不重要的事这四个层次，并依次投入不同比重的精力，长此以往地坚持下去，不仅能够走出繁乱的困境，工作效率也会得到很大的提升。

第7节　把大目标分解成小目标

随着综艺节目《奔跑吧》的热播，最近微信朋友圈里刮起了一阵晒图风，似乎再不运动，就不好意思混朋友圈了。在一家外企上班的职员新人小韩，看到同一办公室的麦琪置办了好几身明星杨颖（Angelababy）的同款运动装，身边的其他同事也开始使用某款健身软件，隔壁公司的王先生也是每天带着便携哑铃爬楼梯上班，楼上的财务主管也在健身房办了会员卡，他觉得自己也要赶上这股风潮。

打定主意后，小韩也随大流地下载了一个这样的健身软件，邻桌的小张在旁边边看边指导："这里面有一些针对性的课程，如'腹肌撕裂者'，大家每天都会在上面'打卡'并顺手分享到朋友圈，美其名为自我监督与他人监督……"

小韩越听越来劲，兴冲冲地跟着小张做了一周，但是没过多久，他就有点厌烦了，善于察言观色的小张鼓励他要坚持下去："你看打开这个软件后，上面有教学视频，找到你感兴趣的点击播放，看完之后还可以在朋友圈交流心得，很有用的。"

听完小张的分析，小韩只好又坚持了一周，但是他觉得这款健身软件太依赖人的自觉和自控能力了。看着身边的那些同事已经连续打了好几个月的"卡"，但肚腩一点儿都没小，而楼上的主管比他们晚了将近两个月，都已经练出马甲线了。因此，小韩得出这样的结论，大部分人在朋友圈打"卡"，纯粹是赶时髦，并非真正的健身。

小韩将心中的困惑向朋友涛哥吐槽，涛哥深以为然，紧接着给小韩讲了自己的健身“事迹”。近日，涛哥迷恋上了微信上的步数排行榜，每天无论多晚下班他都要暴走一番，他的观点是“人总是要运动的嘛，表面功夫做的再足也只不过是自欺欺人，你看我每天也会在微信上面分享一下自己的路线和在路上暴走的见闻，如美好的风景、新开的商店、偶尔邂逅的猫狗等，这些都是很好的减压方式，并且还能满足自己的分享欲”。

立志健身的小韩，听从了涛哥的真言，踏上了晒夜跑轨迹、运动装备的“不归路”。坚持了一段时间后，还真是有效，体重在不知不觉中下降了，心情也比以前好了不少。为了巩固已有的健身结果和增强坚持下去的信心，小韩决定去公司附近的健身房办一张健身卡，虽然花了小半月的工资稍显奢侈，倘若能够练就一身健壮的肌肉也是值得的。

每次健身后，小韩都会习惯性地晒出自己的帅照，很快，通过朋友圈就找了一群志同道合的朋友，建立了自己的“健身兄弟连”。看着自己越来越健壮的身材，小韩很是庆幸自己能够坚持下来。这场健身之旅，不仅使他爱上了运动，也让他交到了一群好哥们儿。

“爱运动的人性格都不会太差，对人热情友善，还有一些有趣的经历。大家同在一个健身房，经济和社会地位差别不大，消费观念也很接近，相处起来别提有多愉快了。更重要的是，因为运动走到一起的朋友，与职场上交的朋友相比要简单和单纯许多，这种关系很容易维持下去。”在健身路上越走越远的小韩如是说。

现在，越来越多的人加入了健身行列，然而坚持下来的却很少。回看小韩的健身之旅，并不是一蹴而就的，而是像爬楼梯一样，一个台阶一个台阶地坚持下来的。倘若把健身看作一个大目标，他则把它细化成了三个小目标。

入职之初，他发现公司几乎人人都在朋友圈晒运动，自己倘若不加入就显得格格不入。再说了，身材微胖的他也确实需要通过运动的方式来控制一下不断增加的体重。抱着这种心态，他成了打“卡”族中的一员。该阶段即为第一个小目标：再不运动，朋友圈都混不下去了。

相处时间长了，小韩发现周边人的打卡只是停留在形式上的健身，自己却不肯随这样的大流，因为他知道自己晒运动的背后，不仅有一个美好的期许，还有一个强大的动力。因此小韩进入了第二个阶段：将美好的期许化为强大的动力。与朋友涛哥一道在微信上晒步数，并顺手将自己的路线和路上见闻分享到了朋友圈。该阶段是他的第二个目标：画风突变，转为晒夜跑轨迹和运动装备。

为了让自己的健身计划进行到底，小韩的健身大计迈入了第三个阶段：寻找组织——健身房。同在一个健身房，小韩结识了一些志同道合的朋友。在彼此的相互鼓励下，他一次次地坚持了下来，看着自己的身材越来越接近美好的期许，小韩也成功地爱上了运动，在收获运动带来的快乐的同时也收获了友情。

小韩健身成功的制胜法宝就是将大目标分解成小目标，每个小目标都是我们攀高的阶梯，一步步地踏上去，就会离最终的大目标越来越近。在这个过程中，每完成一个小目标，我们都会于无形之中增加一些自信。在工作上也是如此，想要循序开展一项大目标，就需要先攻克一个个小目标，这样工作起来劲头才会越来越足，效率才会大大提高。

小目标不仅能够让我们的工作循序展开，而且有助于大目标的实现。那么小目标的设定到底要多小？小目标应该根据自己的能力来进行设定，不要一点难度也没有，也不要难度过大，踮起脚尖能够碰到就好。

设定好目标后，接下来需要的是不打折扣的执行力。首先我们要给自己一个只许成功不许失败的承诺。因为兴趣并不是成功的必备因素，永不放弃的决心才是成功的关键。下定决心后，就要立即行动，将各个阶段的目标写在纸上，并贴在自己每天都能看到的地方，时时督促自己。

做好这些后，我们还需要建立一个反馈系统，即如实地记录自己的执行结果。若成功完成一项小目标后，就在该项目标后画上对号，反之画叉号，并备注没有完成的原因，以备下次设定目标时进行合理的调整，进而确保每一阶段的目标都能够顺利完成，最后就可以达到想要的成功。

第七章

采用番茄工作法

西里洛番茄钟时间管理法是一种战胜拖延的有效方法，我们每个人都可以尝试改良这种方法，以更适合自身的需要，如把 25 分钟的工作时间延长为 40 分钟，把 5 分钟的休息时间延长为 20 分钟。找到适合自己的方法，提高效率，打败拖延就指日可待了。

第1节 西里洛时间管理法

小明的妈妈在家里是个极度专权的人，入学伊始，妈妈就督促他学习，连他的学习内容都由妈妈做主。刚开始，小明并没有自学的学习习惯，天生好动的他根本坐不住。而对于妈妈安排的学习内容，他既不抗拒也不遵从，自然也就没什么学习兴趣可言。从来都是妈妈耳提面命地训他一顿，他的学习进度才会往前挪几步。

孩子们的童年大抵是雷同的，被打皮了的小明并不孤独，每次听到邻居小胖被他爸爸打得“鬼哭狼嚎”时，小明就觉得他找到了“难友”，因此私下里时常跟邻居小胖商量应对之策。他们知道弱小的自己根本抵抗不住父母的巴掌，甚至连反抗的勇气都没有。

尽管如此，他们还是要将心中的怒气表达出来，小小年纪的他们在百般无奈下只好以拖为上策：爸爸妈妈让他们做什么，他们偏偏不做，挨一顿打后，他们再慢吞吞地做，能拖到最后一分钟，绝不提前一秒。拖延虽不是他们的撒手锏，却让他们觉得父母的控制不是绝对的，这也是他们对愤怒与无助以及自身恐惧的逃避手段。

孩童时代，自己若是没有一点自主的权利，总会没来由地感到莫名的恐慌，那种感觉就像一阵风就能把自己吹走一样。为了抵抗权利被剥夺的恐惧，在尚不知争取为何物时，小明能想到的就只有反抗，积极反抗总会让他吃很大的苦头，为了不肉疼他只能退而求其次，选择消极抵抗——拖延。这样虽然还是免不了被父母呵斥，至少在心理上赢得了一些自主，拖延跟恐惧相比，那真的是好太多了。

小明八岁那年，在一所离家很远的学校读书，放学之后，别的小朋友都坐校车回家了，他还在慢吞吞地写作业，等着妈妈来接他。见到妈妈后，小明一脸委屈地说，作业太多，忘记了时间，所以错过了校车。其实，作业多是假，而是放学后的他总是跟学校附近的小朋友玩很久，等校车走了，他才装模作样地趴在教室里做作业，等妈妈来。

刚开始，校车司机还会等他一会儿，时间一长，司机觉得小明这孩子太过顽劣，浪费大家的时间，索性也就不等了。在拖延中，小明获得了十足的快感，认为凭借自己的能力，不仅气得校车司机发火，还能让母亲主动赶来接他。那时的他沉醉在自我控制感里，心里甭提有多痛快了。

由于小时候自主权被剥夺得过于严重，长大后的小明特别厌恶来自外界的束缚，讨厌学生时代老师留下的课余作业，讨厌各种考试，工作中也讨厌别人的吩咐，不分青红皂白地就会与外界为敌。

拖延如影随形，不管是做家务还是处理公司事务，每次若不是他受不了妻子声嘶力竭的吵嚷，他绝不会主动做一些家务；工作上每次不到截止日期前一天，他绝不肯动手处理，甚至以不按时完成任务为乐。

因为小明做的家务越来越差劲，妻子隔三岔五为了这些事与他争吵；因为小明按时完成任务的次数屈指可数，公司大会上老板一次又一次地点名批评他。随着小明的拖延行为愈演愈烈，妻子与小明已演变成了分居的状态，公司中小明的名字也在被辞退人员的边缘徘徊着。

不管是小明，还是你我，在被时代推着走的潮流中，我们似乎用尽全力，也适应不了快节奏的生活。突然有一天，我们如梦初醒般发现自己已是“拖拉斯基”中的一员了。无形之中，它不仅影响了我们的生活，而且使我们的工作效率大打折扣，面对这种情况，我们的第一反应就是不知道该怎么办。其实拖延并非什么大不了的事，它可以通过一些简单而轻松的方法来解决。

让你成功地跟拖延说再见的方法，并不是多么的高不可攀，也并非晦涩难懂，它有一个很生动的名字——番茄工作法。它是苦于无法提高学习效率的弗朗西斯科·西里洛在 1992 年为自己量身定做的，并经过亲身实验，成功地研究出一种战胜拖延的方法。

读大学时，跟别的同学比起来，弗朗西斯科·西里洛的学习效率相当低，为此，他不仅受到同学的奚落，也经常受到老师的冷落，甚至还被人怀疑智商有问题。为了改变现状，弗朗西斯科·西里洛一次次地问自己：“你真的不能安安稳稳地坐下来学习吗？ 10 分钟都坚持不了吗？难怪大家都说你有病，都对你敬而远之！”一番自嘲后，弗朗西斯科·西里洛放出狠话：“我就不信自己坐不下来，我就不信这次我赌不赢自己，若真的连这点能耐都没有，还不如早点滚蛋回家！”

痛定思痛后，弗朗西斯科·西里洛为自己制订了一个计划，眼下只缺一个计时的工具，兜兜转转，他在厨房找到一个定时器。只看外形的话，谁都会毫不犹豫地把它当作一个西红柿。

刚开始，弗朗西斯科·西里洛把计时器设定为 25 分钟，然后开始学习，铃声响后，相当于工作了一个番茄时间。在这段时间内，弗朗西斯科·西里洛没有被别的人或事打扰，也没有站起来去喝杯咖啡或者吃点东西。因为这个番茄时间是他的不被打扰时间。若是该时间段内他受到了打扰，他会礼貌地请求别人耐心地等上一会儿，若是遇到需要立即处理的事情，他的这个番茄时间就会因长时间中断而作废。当然，若是他在响铃之前完成了预定的目标，就可以提前休息。

完成了第一个番茄时间后，弗朗西斯科·西里洛会很宽容地允许自己休息5分钟。铃声响起后，他就会以最饱满的状态投入下一轮工作。待完成四个番茄时间后，稍感疲劳的弗朗西斯科·西里洛则会让自己休息15分钟，进行缓解和调整。

弗朗西斯科·西里洛这种工作方法遵循五个基本准则：这种时间管理方法一经启动，在一个番茄时间内便不可中断工作，即番茄时间不可分割；倘若任务量比较大，不能在3个小时内完成，这项任务就必须进行切分，即任务切割法；每个番茄时间开始后，就不能中途暂停，若是遇事暂停，只能从头再来，即作废重来法；若某项任务花费的时间很少，远远不够一个番茄时间，可将它与其他任务合并，即任务合并法；弗朗西斯科·西里洛的时间管理方法并不是万能的，尤其不适用于假期和休息期的活动，搁谁也不会在休息时间把自己弄得紧张兮兮，即搁置不用法。

【番茄时间管理法的七个步骤】

弗朗西斯科·西里洛的时间管理方法环环相扣，有“七步成功”之称。

第一步，每天进行任务规划时，要将任务逐项写在事先准备好的列表里。

第二步，将任务进行整理后，开始为自己设定番茄时间，时限为25分钟。

第三步，着手于第一项任务时，不管有没有完成任务，都要在铃声响起时停止。

第四步，若是在响铃之前完成，则在此项任务后画个对号，否则画个叉号。

第五步，完成一个番茄时间后，有5分钟的休整时间，可以起身舒展一下筋骨，喝一口杯子里的水。

第六步，铃声响起后，快速地投入下一项任务中，开始下一个番茄时间，根据任务的完成程度，在任务后画对号或叉号。

第七步，每四个番茄时间后，休息15分钟，做些身体或精神上的调整。

第2节　多点定性

王晨是一名正在读大三的某校学生，放寒假前一周，他就制订好了假期计划，如整个假期要读多少本书，要利用这段时间完成一篇专业论文。离校之时，王晨还特地带着刚买回来的新书和写论文所需要的材料踏上了回家的归程。

回到家后，王晨很是宽容地给了自己两天时间进行调整。刚准备埋首书山不问世事时，五岁的小侄子拿着王晨这次回来买给他的遥控车就黏了上来，非要王晨陪他玩。小侄子出生伊始，王晨就对他喜爱至极，每每回家都会给他带一些新奇的小玩意儿。因为在王晨那里有求必应，所以，只要王晨在家，小侄子都会黏着他。看着推门而入的小家伙，王晨索性收起了摊在书桌上的参考书，关上电脑，一心一意地陪他玩了起来。一整个上午，就在他们叔侄的互动中悄然而逝。

第二天，嫂嫂带着小侄子回娘家走亲戚了，并说让小家伙在他姥姥家玩几天。小家伙走后，王晨的生活清净了，他重新拾起前些天着手写的论文，对着电脑一阵噼里啪啦地敲起来。正当他写得起劲时，手机铃声响了起来。王晨摁下接听键，电话那头传来高中时代的好哥们儿高扬的声音，约他明天到老地方聚聚，挂电话前还特意叮嘱，之前的同宿舍兄弟都会到。

许久未见，王晨挺想这帮兄弟的。第二天他如约而至，见到了久违的好友，每个人脸上都一副心花怒放的表情。他们一起溜冰、唱歌、吃饭、打球、玩游戏，整整玩闹了两天才作鸟兽散。王晨拖着疲惫的身体回到家，望着书桌上的任务，不由得摇头轻叹，便躺在床上睡起大觉来。

再过半个月就是春节，无论如何也要在年前把这篇论文写完，早早醒来的王晨对着天花板梳理着心事。为了巧妙地推托掉所有必要和不必要的应酬，王晨在微信朋友圈里写道：叔叔，这些天我们不约，晨晨立志做一名安静的美男子，与论文君谈经论道。

见王晨如是说，朋友们很是知趣地绕道而行。临近春节前一天，好兄弟高扬打来电话，怯怯地问王晨的论文是否搞定，王晨语带羞怯地说没有。虽然在意料之中，高扬还是习惯性地问了一句："为什么？"

王晨思考一番，死皮赖脸地说道："好不容易放假了，就对自己特别宽容，每天都会睡到自然醒。起床后错过了早饭时间，匆匆地吃些东西，就打开电脑搜查资料，刚有一点思路又该吃午饭了。吃过午饭后精神不济就想着再补一个午觉吧，有时候还会听音乐提提神，再刷朋友圈调节一下，或者逛论坛寻找灵感。一阵瞎忙后就到了晚上，论文的进度却原地不动。"最后王晨还特别无辜地说道："我自己也郁闷了，还没干什么，时间就这样不知不觉地过去了，好忧伤……"

像王晨这种情况，在做琐事的过程中感觉时间在不知不觉地溜走，而事情并没有任何的进展，这就是我们经常提到的拖延。相关资料表明，拖延是指自我调节失败，明知道若不加快进度就会将计划推迟，却还是会将事情一推再推的行为。这种情况经常表现在各种小事上，日积月累，不管是个人生活还是工作都会受到影响。

明知某件事早晚都要去做，却还是会习惯性地去回避、去推迟，很显然已经不单单是懒的问题。美国第三任总统托马斯·杰斐逊有一句著名的格言"今天能做的事绝不拖到明天"，虽然我们很多人都能读懂字面上的意思，却并不能真正领会其中的道理，因为自我约束能力不强，我们总会不由自主地为自己找各种借口将事情往后拖。

据中国教育在线网报道，2015 年考研复习最大的敌人就是本文所谈到的拖延。一年的考试准备期太长，许多人索性就把希望全部寄托在下半年，然而下半年能够静下心来复习的人能有几个？

在快节奏的生活中，拖延已经成为一种普遍存在的习惯。通常情况下，对于不喜欢做的事，我们都会习惯性地往后拖，因为它们总是让人感到无聊、焦躁，所以只好能拖多久就拖多久。而看电影、跟朋友逛街、组队打游戏等轻松有趣的消遣玩乐，却从来都不会拖延。

作家温迪·德雷顿认为“拖延是一种逃避行为”。他把这种因为对某件事不感兴趣，而一直推托的心态称为错误心态。针对拖延这种情况，咨询心理学家迈克尔·辛克莱博士如是说：“拖延事情实际上是一个人在逃避一种不舒服的感觉，可能是挫败感，也可能是自我价值得不到体现的感觉。”

被拖延所困扰的我们，总是感觉忙着忙着一天就结束了，工作却未有任何起色，忍不住会自我发问：“时间都去哪儿了？”因为我们的工作没有按时完成，无形之中的压力会让我们因为自己的推迟而感到沮丧，即便是一天到晚地忙，忙的也都是一些与工作无关的事。

“当你拖延的时候实际上你不是真正的快乐，因为这件事会经常在你的脑海中闪现。”德雷顿教授一语道破玄机。为了逃避那些阴魂不散而紧紧围绕着你的事，你宁愿在途牛网上过一把旅游瘾；宁愿在朋友圈晒莫须有的吃喝玩乐，以此赢得自欺欺人的自我满足。殊不知，我们越是拖延，越会打击自己的自信心。

由于拖延，你上课不是踩点进教室就是迟到，不仅影响了课堂秩序，而且还给老师留下了不好的印象；由于拖延，你早上醒不来，晚上睡不着，正常的作息规律乱得一塌糊涂，睡眠质量更是令人担忧；由于拖延，你总是在作业堆积如山时，才意识到还有那么多的事等着自己去完成。

摆脱拖延对人们的生活、工作甚至人际关系都有很大的意义，有了账单就要抓紧时间去付；任务布置下来就要马上去做；头脑中有新的想法就要赶紧记录下来。从拖延中走出来，我们再回过头看曾经的自己，“时间都去哪儿了”就会一目了然。

第3节　放下心理负担

走出校门后，喜欢搞自由创作的小胡与其他应届毕业生一道加入了求职大军的行列。因为不喜欢被约束，小胡几乎不能适应八小时工作制呆板规律的生活，因此走马观花地进了几家公司后，他便彻底与“上班族”分道扬镳了。

因为酷爱编剧，在父母的鼎力支持下，小胡在某家编剧机构学了半年编剧，之后便堂而皇之地写起了剧本。本来就有些底子的小胡经过这段时间的进修，心想凭借自己的生花妙笔，不愁写不出高端大气上档次的热播影视剧本，就这样小胡踏上了编剧的“不归路”。

见识了大地方的热闹后，小胡索性留在了省城，整天把自己关在出租屋里，构思着能让自己满意的剧情。无奈却事与愿违，整整一个月，他都没有想出一个情节丰满的故事。看着银行卡内日渐减少的数字，不屑于做“啃老族”的小胡思谋着如何将生活进行下去。后来在朋友的介绍下，小胡在一个编剧工作室做兼职，工作时间自由，每月有一定的任务量。

碍于经济方面的因素，小胡前几个月的工作完成得极好。待手上有些闲钱后，他工作起来就不像从前那般卖力了。因为距离交稿还有一段时间，小胡觉得即便是几天不写，以后加把劲也能迎头赶上，索性先放松一周。对此，手上正在进行的稿子被他拦腰截断了。

这几日，每天醒来的第一件事，就是先到交流群里签到。洗漱之后，习惯性地点开经常逛的网站，浏览当日的新闻，找朋友聊聊天……忙完这些“热身工作”后，时间已经差不多了，小胡会适时地点开收藏夹里的网络小说，因为他关注的那个网络作家的小说每天这个时候都会更新，一看就是一个上午。

午饭之后，小胡刚想点开先前被拦腰截断的稿子，一位朋友在社交软件上找他聊天。两人从球赛聊到影视剧，从影视剧聊到书籍，从书籍聊到游戏。聊得起劲时，朋友提议一起去玩某款最新游戏，对游戏毫无抵抗力的小胡自然是举双手赞成，一玩就是一个下午。

不知不觉到了晚上，小胡才意识到自己好像没做什么正经事，心想，一会儿就开始写稿子。没想到他刚有这种想法，最新热播的好剧《琅琊榜》的更新提醒弹了出来，他整个人马上就被呆萌的小飞流和弱不禁风的苏哥哥俘获了，于是，这个夜晚他只好赴“琅琊榜之约”了。

时光荏苒，没迎来《琅琊榜》的大结局，小胡等来了稿子的最后期限。这边是电子书的勾魂摄魄，那头是热播好剧的无端撩拨，手头上还有让他头昏脑涨的稿子，小胡整个人都不好了。即便是狠下心来，将电子书拒之门外，脑袋空空的他盯着电脑屏幕也写不出个所以然来，浑浑噩噩的又是一天。

随着截止日期的逼近，小胡的焦虑日渐加重。每天都是一点之后才睡，最近又通宵了好几次，实在困得不行就睡一下，醒来就会控制不住地刷各种应用程序，一整天地东想西想，却没有心思去写稿子。他也曾下定决心痛改前非，可每次都是徒劳无功。

焦虑不安的心情与日俱增，彻底打乱了小胡的作息时间，他的生活越来越不规律了。别人睡觉的时候，他万分清醒，明知道自己欠了不少“文债”，却始终没有心思去码字，只能任由自己在痛苦中煎熬。几次立志想要进行调整，但每回都是刚坚持了两天就被打回了原形。万般无奈下，他开始向关系较好的朋友求教，请他们支招，帮助自己摆脱万恶的拖延。

我们通常所说的规律，都是自然形成的。倘若你也像故事中的小胡一样，因为某种原因而作息紊乱，不妨先放下心中的负担，也就是放下自己对这件事的重视程度。以小胡为例，每天他的脑子里都会自动生成必须写稿子的信息，进而时不时地自我提醒。然而，越是强迫自己，越是找不到灵感，进而陷入某种死循环中。

对抗这种无意识的拖延，要先从放下心理负担开始。因为我们越是“强迫”自己，结果越是适得其反。因此在自己放松玩乐的时候，不要立即逼迫自己去完成最紧要的工作，索性告诉自己那就休息一会儿吧，遵循生理上的自然规律，先把作息时间调整过来。

等作息时间恢复正常后，再将这种顺其自然的疗法转移到工作上。比如，小胡在火烧眉毛的时候还在玩游戏，这时的他应该放下心理负担对自己说：“玩吧，玩吧，玩够了再去码字。”而不是带着严重的心理负担告诉自己：“都什么时候了，怎么还在玩！”倘若用这种方法，把你眼中所谓的“要紧事”淡化成“寻常事”，其效率要比在重压之下高得多。

这种疗法虽然不是放之四海而皆准，但用来对抗拖延也是挺实用的。前些天，一个每天学习两个小时的朋友，通过这种顺其自然的疗法将学习时间扩展成了六个小时。倘若小胡也用这种方法来延长每天的写稿时间，就会慢慢地回到最开始的状态。

除此之外，对抗拖延我们还应该有积极的人生态度。战胜拖延，从不睡懒觉开始，每天给自己设置一个难度系数较高的闹钟，如拍照才能醒的那种。通常情况下，人清醒了再想睡就难了。坚持一段时间，赖床的毛病就会一去不复返。必要的锻炼也是不可或缺的，每天早上醒来，不管什么时候都要去跑跑步、健健身，从而开始积极的一天。在这个过程中，你不仅能收获微妙的成就感，人也会变得更加精神。所以我们应该让运动成为一种习惯，进而拥抱积极乐观的人生。

第4节 不做从不守时的"迟到大王"

学生时代的小强，是班上有名的"迟到大王"。关于迟到的养成，小强有一本"独家秘籍"。初入学时，因为年纪尚小，由父母接送，小强没能在学生时代的开篇书上打上大大的"迟到"二字，以至于直到小学三年级他才与迟到结缘。

小孩子都喜欢引人注意，小强也不例外。通过与班上风头占尽的那部分同学相比较，小强在自己身上没发现任何优势，偶然的一次迟到，让他在走进教室的刹那，迎来老师和班上同学的"注目礼"，那是他第一次从别人眼中找到自己的存在感。

自此之后，迟到在小强的生活中就成了家常便饭，并呈现出愈演愈烈的趋势，由开始的几分钟延长至十几分钟。后来班主任实在看不下去了，把小强叫到办公室狠狠地批评了一顿，他才意识到迟到是一种极其恶劣的行为，吸取教训的他开始有所收敛。

进入初中，因为脱离了小学班主任的阴影，小强的"迟到病"又犯了。这时的他虽然知道迟到是一件很不风光的事，无奈已是积重难返，每每都被任课老师罚站。后来因为迟到的次数太多，班主任在班上三令五申，本学期迟到次数排名前五的直接传唤家长，这招当真把小强治得服服帖帖，他的迟到次数才开始有所减少，尽量避免去踩班主任埋下的那根高压线。

高中的时候大家都住校，纪律也比之前严了许多。为了营造良好的学习风气，开学第一天班主任就告知同学们，班里将设定一个迟到排行榜，每周稳居榜首者，负责在周末晚自习上娱乐大众。一听是这种惩罚，小强心里简直乐开了花。对于他这个资深迟到者，不管是何种手段都阻挠不了他的“迟到大业”，更何况从小他都是麦霸，表演节目根本算不得什么。整个高一，小强都稳居迟到榜“第一把交椅”。到了高三，碍于高考的压力，小强的迟到次数才呈现降低的趋势。

熬过了高三，小强来到了天地更为广阔的大学。他猛然发现，上大学之后，再也没有人管他迟到不迟到了。八点钟的课，他总是八点半进教室。遇到两节一起上的大课，很会投机取巧的他选择在两节课的课间进教室。到后来，迷恋上打游戏之后，他堂而皇之地翘起课来。反正只要期末考试不挂科就行，何必弄得像苦行僧一样。

小强的“迟到大王”绝不是浪得虚名，他不仅上课迟到，平时与别人邀约也没正点出现过。有一次，他跟舅舅约好时间见面，自己在家磨磨蹭蹭，到目的地时已经迟到了半个小时。他心想反正是自己家里人，迟到一会儿应该没什么关系。见到小强后，舅舅很不开心地说：“以后再遇到这种情况，你应该打电话通知别人。这样不声不响地迟到不仅是对别人的不尊重，而且容易让人担心。守时看起来是一件小事，严重的时候会影响工作和生活。”

进入社会后，小强在一家公司跑业务，费了九牛二虎之力才搞定一个客户，最后只剩下在白纸黑字的合同上签字画押了。约定见面的那天上午，小强把自己装扮一新，不紧不慢地朝着约定的地方走去，不巧的是，他被堵在了路上。向来没有时间观念的他并没有把这当回事，心想煮熟的鸭子总不至于飞了吧。但事实就是如此残酷，当小强赶到地方时，虽然只是迟到了十分钟，但对方已经离开了，还在桌上留下了一张便条：你的不守时是对别人时间的浪费，我们的合作到此为止。

果不其然，“迟到大王”小强还是为迟到付出了代价。那么，我们如何才能巧妙地避开迟到呢？不管是成功人士，还是芸芸众生，都或多或少会有拖延的倾向。为了让自己尽可能地守时，我们首先要学会更好地规划自己的时间。

生物学家克里斯托弗·兰德尔（Christoph Randler）的一项研究表明，早起能帮助我们预见一些可能出现的问题，并轻易地解决它们。因此，每天闹钟把我们从梦中叫醒的时候，我们要提前为自己留出一小部分时间，以备对这一天的事情进行统一的规划。

除此之外，将某些容易使自己分心的因素从工作中清除掉，也会让自己在时间上减少不必要的浪费。很多情况下，那些不被我们所在意的小事往往会吞噬掉很多的时间。此等小事包括可口的零食、邮件的提醒、社交软件的诱惑、神往的游戏等。每一个让你分心的因素都会占用你的一些时间，林林总总加起来足以让你在重要的会议上迟到 10 分钟。

很多时候，我们之所以迟到，不是因为交通太过拥堵，而是我们太过相信自己。因为每天的交通情况几乎都是那个样子，只要我们早点出门，就能避免迟到。但某些情况下，我们却过高地估计了自己的速度，然而这并不是致命的问题，因为即便是一丝不苟的规划师同样会高估自己的速度。为了确保万无一失，我们应该在预计所需时间的基础上再额外加上 5 分钟。

警惕话唠浪费你的宝贵时间，有些人一开口说话就会扯出一大堆无关紧要的话题。若没有什么要紧的事，你大可以跟他谈天说地；倘若你有事在身，遇到这种说话特别多的朋友，就要给予一些礼貌的暗示，如拿起你的笔记本和笔慢慢起身，以这种无声的方式提醒对方话题该结束了。这样不仅能有效地终结话题，也不会使双方感到尴尬，并且让你有了更多的可支配和利用的时间。

当然，没有谁敢当众承诺，自己从来不会迟到。凡事皆有意外，倘若因为某些不可逆的因素造成你将要迟到的情况，你应该提前礼貌地告知对方，你会迟到多久，大概什么时候能赶到，以免耽误别人接下来的安排。提前承认错误，远比事到临头的抱歉管用，你的坦诚在无形之中会赢得别人的好感。

不做从不守时的“迟到大王”，就要从合理利用时间开始。减少在某些琐事上过多地浪费时间，才能更自如地处理重要的事情，从而做一个惜时、守时之人。

第5节　充实作息时间表

小文是某小学一年级的学生，头脑聪明，反应灵活，就是不肯在学习上下功夫。老师在课堂上的讲课内容，因为与幼儿园时的知识有所重叠，小文觉得她差不多都会，因此从来只是听个大概，如果遇到不会的，在学校还可以请教老师，回到家里也可以向长辈们求助。

小文的父母都是大学毕业，妈妈在一所私立学校当教师，爸爸是一家公司的高管，平时两人因为工作忙顾不过来，只好将小文交给爷爷奶奶带，只有周末的时候他们才会回去探望和陪伴孩子。

这周因为一些事走不开，小文的妈妈直到周日中午才到家，见到妈妈回来，小文别提有多开心了。吃过午饭后，就要求妈妈带她去游乐场玩，这是妈妈上周答应她的。为了实现对孩子的承诺，小文妈妈收拾妥当就带着她去游乐场了，直到天黑，母女俩才兴高采烈地回来。

吃过晚饭，小文要妈妈陪她写作业。妈妈问她为何这个时候作业还没写完时，小文满脸委屈地说："有些题不会做，问爷爷奶奶他们也不会，所以就一直等妈妈回来。"说完后，小文拿出练习册找出不会做的题目让妈妈教她。妈妈先是耐心地给小文分析题目，而后给她提供一些有用的思路，让小文独立思考，两个小时后，才把数学练习册上的作业写完。

小文妈妈抬头看看墙上的时钟，再过几分钟就晚上十点了，就问小文："还有其他作业没？"小文拿着手上的语文练习册，接连翻了十多页，用手捏着说：

“还有这么多。”小文妈妈见状，顺手翻看女儿的练习册，问道：“这些都是你不会的？还是星期天你只顾着玩了，根本就没有写呢？”被妈妈一语道破真相后，小文乖乖地趴在小桌子上认真地在练习册上写写画画，遇到实在不会的题目才怯怯地向妈妈求助。

不知不觉一个小时过去了，小文的作业还没有写完，而她已经趴在练习册上睡着了。小文妈妈心疼地将小文喊醒，准备带着她去睡觉。小文睁开睡眼，指着还未做完的练习册，说写完再睡。强撑着睡意，小文拿着铅笔又开始写写画画。

小文妈妈发现，随着页数的递增，小文的问题也越来越多，就试探性地问：“这些都是老师讲过的吗？”小文回答道：“之前的，老师都有讲，这些都是新课文。”妈妈接着问：“还没学的课文，也是你们的作业？”小文回答道：“反正老师说的是数学语文都要写到第 31 页。”问到这里，妈妈才明白是女儿把作业记错了，也懒得责怪她。

不知是题目太难，还是实在太困，小文不自觉地开始流泪，边哭边写，最终在妈妈给她讲解题目时再次睡倒在书桌上。妈妈给她脱衣服的时候，她还没忘记没做完的作业，说明天六点起床要把后面没做完的作业写完。

小文之所没有及时地完成作业，除她把老师留的作业记错外，还有时间安排上的问题。周末两天的时间，写完这些作业完全是没有问题的。即便妈妈不在家，她也可以先把自己会的写完，留着不会的题目等妈妈帮忙解决。然而，这两天她只顾玩了，根本就没有把作业放在心上。退一步说，就算小文保持原状，她也完全可以在妈妈到家后的第一时间让妈妈陪她做作业，而不是带她去游乐场，也不至于挑灯夜战了。

时间是一个很奇妙的词语，伟大文学家伏尔泰在他的作品中曾这样形容它：

“世界上有一样东西，它是最长的也是最短的，它是最快的也是最慢的，它最不受重视但却又最受惋惜；没有它，什么事也无法完成，这样的东西可以使你渺小地消灭，也可以使你伟大地永续不绝。”

在我们的人生旅途中，每个人都有专属的时间，每个个体都是在时间中自我发展的。谁能更好地把握时间，谁就有更多的优势，能够善于利用和把握时间，才能更快地接近成功。所以，对孩子寄予厚望的父母，应当从小培养孩子的时间意识，让孩子做时间的主人，日后他们才能开拓更加丰盈的人生。

以小文为例，由于缺乏规划时间的观念，不知道什么时候该做作业，什么时候该玩乐，以至于拖到周末晚上才开始心急火燎地赶作业。即便是在妈妈的陪同下挑灯夜战，依然没有把老师布置的作业全部写完。最后实在忍不住困意的她，不得不抱着尚未做完的作业进入睡乡。

现如今，越来越多的父母开始关心孩子的作息时间，并意识到如何让孩子学会合理地安排时间是一个很重要的问题。因为它不仅是孩子身心健康成长的必备条件，也是孩子日后成才的关键所在。其实，这种时间上的训练越早越好，好让孩子尽早地形成珍惜时间的观念。

像小文这个年纪，已经懂得了昨天、今天、明天，日、月、年等时间概念，但因为年龄尚小，他们还不懂得“一寸光阴一寸金，寸金难买寸光阴”的深刻内涵，也就感觉不到时间上的紧迫感，更不会合理地安排和利用时间。这时，父母就应该给孩子灌输一些关于时间的小故事，帮助孩子克服时间观念淡薄所造成的不良习惯，加强孩子的时间意识，让孩子养成惜时、守时的好习惯。重视并指导孩子合理利用自己的时间，让他尽早成为时间的主人。

所以，从小就要培养孩子的时间观念，教导孩子学会惜时、守时，并督促孩子养成处事雷厉风行的作风，从而让他们形成一定的紧迫感与责任感。这样才能在学习时心无旁骛，将全部身心都放在学习上，集中精神，不丢三落四；

做起事情来有板有眼，不拖拖拉拉、磨磨蹭蹭，而是干脆利索、丝毫不拖泥带水。除此之外，还要让孩子学会合理地安排自己的时间表，正确分配时间，而不是被时间牵着鼻子走，这样才会使他们日后的生活快乐而又充实。

第八章

雷厉风行行动派

在战胜拖延的问题上不能拖延，需要我们立即行动，提高执行力。掏出你的手机，设置提醒功能，列出任务清单，精确地管理自己的时间，向拖延这个对手迈出坚定的进攻性步伐。

第1节 立竿见影五妙招

从前，在一个水草丰盛的池塘边上生活着两只小青蛙，一只周身碧绿，一只通体金黄。因为住得比较近的缘故，小时候它们就是比较要好的朋友了。随着它们渐渐长大，两只青蛙次第离开了池塘，并相继住在了别处。生性懒惰的绿青蛙把家安在了紧挨着池塘的马路边上的小洞里，因为那里刚好对着太阳。黄青蛙则经过反复勘察，最终把家安在了附近害虫泛滥成灾的稻田里，俨然以除害小能手自居。

稻田是各色害虫的聚居地，对于以吃食害虫为生的青蛙来说，那里无异于天堂。即便是慵懒成性的绿青蛙，馋瘾犯了时，也会不惜挪动贵体，横穿宽阔的马路，气喘吁吁地到稻田里觅食害虫。近水楼台先得月，居住在稻田里的黄青蛙，不费吹灰之力就能坐享美味，因此吃饱了没事干的它时常在田间的草丛里眯着眼睛打盹，日子过得优哉游哉。

有一天，绿青蛙实在吃烦了马路边草丛里的害虫，好像再多吃一顿就会要了它的命一样，它决定无论如何必须马上换种口味。兜兜转转，时常不走动的绿青蛙费了九牛二虎之力，一步三喘地来到了稻田中。当它停下来休息的时候，看到黄青蛙正躺在草丛中美美地睡着午觉。绿青蛙轻手轻脚地挪了过去，轻声在黄青蛙的耳边唤着："老弟，老弟，快醒醒。"

听到熟悉的呼唤声，黄青蛙慢悠悠地从睡梦中醒来，懒懒地睁开睡眼，看到了许久未见的绿青蛙，它不慌不忙地伸了个懒腰，以东道主的身份带领这位老友参观它的“领地”，边走边介绍各个区域的害虫的特点及味道，说得绿青蛙馋心大起。

绿青蛙如愿以偿地饱餐一顿后，拍拍鼓鼓的肚皮，望着渐晚的天色，跟黄青蛙道别，并约定改天再来。黄青蛙一直将绿青蛙送出稻田，望见马路上一辆硕大无比的拉土车呼啸而过，不无担心地规劝身边的绿青蛙道：“老伙计，从你那边到我这里来，需要穿过这么宽的马路，多危险呀，照我说，你不如搬过来跟我一起住吧。一来避免了你来回奔跑，二来咱们还可以相互做伴，最重要的一点是，咱们每天都可以吃到昆虫。这样的话，我们不仅每天都可以美美地吃上一餐，而且还能够为庄稼除害，况且还不会遇到什么危险。”

听完朋友的建议，居住在池塘边上的绿青蛙不仅不为所动，反而很不耐烦地说道：“我已经习惯了池塘那里的生活，偶然过来一趟也不费什么事，权当是锻炼身体了。况且我并不觉得这样子有什么不好，干吗要劳心费力地搬到这边来，还得适应新的环境，我才懒得动呢。更何况，那边的昆虫虽没有这边的多，但果腹还是够的。”看着绿青蛙横穿马路的背影，黄青蛙无可奈何地回去了。

有道是来而不往非礼也，几天后，黄青蛙前去探望绿青蛙，准备无论如何也要让朋友搬来跟自己一起住。不曾想，它刚走到马路边上，就看到马路中间躺着一个熟悉的身影，它快速地跳了过去，发现绿青蛙不知何时已被车子轧死了，抚摸着朋友尚有余温的尸体，黄青蛙不由得潸然泪下。

因为犯懒，因为怕麻烦，因为故意拖延，绿青蛙说什么也不愿意把家搬进田里，宁愿一次次地冒着被车子碾轧的危险横穿马路，也不愿下定决心迁居到别处而获得一劳永逸的安稳。正是这些顾虑和设想中的搬家后的担忧，使它从未将搬家的事情放在心上，最后以暴尸马路的结局收场。

如绿青蛙一般，生活中很多的灾难和不测都是因为我们一味地拖延和深入骨髓的懒惰造成的，明明是举手之劳的事却一拖再拖，始终不愿去做，那么，为此付出沉重的代价亦是情理之中的事。

我们谁都无法预料，意外和明天谁会先来。生命有太多的不可预测，灾难亦是无法预期。我们所要做的，就是尽其所能地规避不好的事情的发生，努力地做最好的自己，以最好的姿态迎接属于自己的每一天。

拖延并非不可战胜的，只要我们下定决心，将所有的想法付诸行动，告别拖延将不再是梦。参透下面的五个打败拖延的绝招，走在“战拖”路上的你就能取得立竿见影的效果。

【打败拖延的五个绝招】

其一：优先重要法则

生活中有太多的事情需要我们亲力亲为，有些时候，所有的事情可能会蜂拥而至，倘若你不加分拣地眉毛胡子一把抓，就容易失去分寸，整天忙得焦头烂额，而且会觉得时间不够用。这时最聪明的做法，就是要把有限的时间用在重要之处，将时间功能发挥至最大。我们所提到的优先重要法则就是把手头上的事情进行划分，依据其重要程度安排顺序。例如，将所要完成的事情分成A、B、C类，A是非做不可的，B是可做可不做的，C是不必你亲自去做的。根据其重要程度，再对A类事进行细分。

其二：长远重要法则

通常情况下，在我们的生活中有很多事情都是不必急于求成的，与此同时，这类事从大局来说又有至关重要的影响。例如，健身和阅读。若是不加以重视，长此以往，它的重要程度就会体现出来，书到用时方恨少，病倒方知健康好，便是最好的证明。

根据事情的轻重缓急，我们可以将手头上的事情归入轻、重、缓、急的象限图中。以长远为计，将重心放在重要的事情上。

其三：一举两得法

一心不能二用，通常情况下在同一时间内，让我们完成很多件事情几乎是不可能的。然而，若是对事情进行巧妙的规划，就可以取得一石二鸟、一举多得的效果，若要达到这样的目标需要遵循这些原则：

（1）某件事最好是机械的，技术含量少的；

（2）另外一件事也不需要耗费大量的脑细胞；

（3）这两件事都是值得付出时间的。

例如，晨练或者散步的时候，我们可以听懒人读书或者带着MP3听英语，这样我们既锻炼了身体，又增长了学识。

其四：设定小的TIME法则

即处理手头的某项工作时，我们为它设定一个时间，如半个小时写一封邮件，然后以倒计时的方式展开工作。以此类推，你会发现，同样要求的基础上，你节省出了大量的时间。原先所有的准备工作在你的时间设定下全部简而化之，工作效率自然大大提高。

其五：掌控时间

掌控时间，顾名思义就是做时间的主人，即主动地清除掉所有影响工作的负面情绪，将时间上的浪费降至最低。不管是在工作中还是在生活中，我们都不难发现，那些成功人士都是时间管理的高手，长年累月地坚持下来，如此自然会甩开平常人，走上人生巅峰。而那些懒惰、衰颓之人，总觉得自己穷得只剩下了时间，多得用都用不完，不知如何打发。当你为你的时间用不完而发愁时，说明你已经被厌倦、怠惰等负面情绪所包裹，这时，你就要当机立断地把它们清理掉，否则必然会造成时间的浪费，进而降低你的效率。

第2节　拼的就是执行力

萨奇是一名退伍军人，身经百战的他在某个战场上受了伤，被部队送回了地方疗养。当时的他早已失去了年龄的优势，再加上负了伤，是一位名副其实的残疾退伍军人。伤养好后，迫于生计，萨奇不得不出门找工作，因为身体和年龄的问题，很多公司都将他拒之门外，凭着军人的坚韧，萨奇一次次迈着坚定的步伐，寻找着微乎其微的可能。

功夫不负有心人，这天萨奇来到当地的一家木材公司求职，很顺利地通过了筛选，见到了该公司的总经理，他言语坚定地说："您好，我是一名优秀的退伍军人，我以军人的名义向您承诺，我会不遗余力地完成您交给我的任何任务。希望您能够给我一次机会，因为我非常需要。"

听完萨奇的话，总经理稍作思考，便应承了下来，顺手把手头上较为棘手的烂摊子甩给了眼前的准新人。在萨奇之前，公司曾连续派了多名优秀经理去处理那份工作，因为恶劣的客户关系和积压已久的欠款，各位经理无一不是落败而归，公司的形象亦是一落千丈。派出一个毫无经验的人去试水，无疑是死马当作活马医，若是这个准新人能成功地完成任务，对公司自然是大有好处的。倘若不能胜任，也好让他知难而退，公司也不会有什么损失。

萨奇听完总经理的安排后，言语坚定地承诺："保证完成任务。"他拿出战场上那股拼命三郎的精神，第二天就赶往总经理口中的那个市场。历经几个月的苦心经营和骨子里的真诚，萨奇不仅疏通好了客户的关系，而且追回了大部分的欠款，成功地挽回了公司在事发地濒临低谷的形象。

总经理将萨奇的情况汇报给了公司总裁，总裁了解后觉得萨奇是个可用之才。于是在一个周五的午后，在街边的一家咖啡馆约见了萨奇，简单地自我介绍后，真诚地说："这个周末我要去参加妹妹的婚礼，麻烦你帮我买一件礼物。它是一只非常漂亮的蓝色花瓶，在一家礼品店的橱窗里，我明天这个时候的火车，到时候你把花瓶直接送到我所在的那节车厢即可。"总裁说完后，递出了一张写有地址和车票信息的卡片。接到任务后，萨奇信誓旦旦地向总裁承诺："保证完成任务！"

跟总裁告别后，萨奇以最快的速度赶往写在卡片上的地址。然而，当他成功到达后，并没有看到总裁所说的那家礼品店，亦没有发现所谓的橱窗和蓝色花瓶。在偌大的地方寻找一家小店，无异于大海捞针。

既来之则安之，总裁说有就一定有，不在这里，或许就在附近。于是萨奇对周围展开了地毯式的搜索，跨过整整五条街，萨奇才在一个不起眼的角落里找到总裁所说的那家店，通过漂亮的橱窗，萨奇看到了那只美丽的蓝色花瓶。然而不巧的是，这家店暂停营业，已经提前关门了。

看着已经上锁的门，萨奇并没有放弃，他在门前的宣传页上找到了该店经理的电话。他毫不犹豫地将电话打了过去，并表达自己要购买蓝色花瓶的心愿。他话音刚落地，电话那边就传来一句很不耐烦的话："本店今天不营业，不要占用我的休息时间。"随后电话便被挂断了。

答应了别人的事情，无论如何都要做到。萨奇从不远处找了一块石头，欲使用蛮力砸破橱窗取出花瓶。正当他准备行动时，一名全副武装的保安从远处走来，以奇怪的眼光盯着萨奇和他手上的石头看了好久，没有丝毫要走的意思。显然，他把萨奇当成了可疑分子。

意识到自己太过鲁莽的举动后，萨奇再次厚着脸皮向该店经理求助，并陈述了自己对花瓶的渴望，而且以军人的名义作保，恳求经理对他施以援手。见对方没像上次那样挂断电话，萨奇言简意赅地讲述了自己为了兑现与战友同生共死的承诺，冒着枪林弹雨将昏迷的战友背出战场，自己因此身负重伤，并落下残疾，现如今没有任何工作单位愿意录用他，而这是他唯一的机会。

听完萨奇的故事，经理当即决定帮助他完成任务。挂断电话后，经理指派店员前去打开商店的门，并要求该店员将蓝色花瓶卖给萨奇。拿到花瓶后，萨奇马不停蹄地往回赶，终于在火车开动的前一刻成功地将花瓶给总裁送了过去。

周一上班时，总裁将萨奇叫到了办公室，对他表达了诚挚的谢意，并恭喜萨奇成功地通过了各种考验，作为成功通过的第一人，总裁在肯定萨奇能力的同时，代表董事会郑重地任命萨奇为某地区的总经理。

萨奇的故事告诉我们，当我们自身存在某种缺陷或没有突出优势时，不打折扣的执行力随时可能成为你成功的法宝。面对总经理交代的任务，毫无经验的萨奇明知是一块难啃的硬骨头，还是硬啃了下来，并以最快的速度和最大的耐心去处理，而后以成功的姿态重返总部。

通过第一重考验后，萨奇入了总裁的法眼，正在为新拓展的地区而苦苦寻找总经理的总裁自然而然地就将目光落在了萨奇身上，进而不着痕迹地将萨奇引入了自己布的局中：他先是提供一个极为模糊的地址，在萨奇抵达之前指示店员经理提前关门，并让经理在整个过程中只能接通两次电话。为了防止出现砸破橱窗取出花瓶的情况，总裁特地雇来一名全副武装的保安守在那里……

萨奇并不是第一个参加这项测试的人，却是第一个圆满完成任务的佼佼者。在整个故事中，他向我们诠释了一个外在弱势的人，要想脱颖而出，拼得就是执行力。唯有雷厉风行的执行力，才是事业成功最可靠的保障。那么，萨奇的执行力是如何体现的呢？

倘若把故事中的萨奇换作正在阅读这段文字的你，当你如萨奇般按照总裁提供的地址到达后，并没有看到总裁口中的那家店时。你是即刻拨通老板的电话，以半途而废的口吻道："对不起，总裁先生，按照你提供的信息我并没有找到您说的那家店，你给我的地址是错的，所以我无法拿到您要我买回的花瓶。"还是在找不到后，仍然坚持不懈地找下去，直到完成任务为止呢？

倘若你是故事中的总裁，你苦心孤诣地设定一个模糊的地址，被派出的那个人抵达后，连找都不找一下，即告诉你他要放弃，恐怕你只会默默地喟叹：又是一个无能之徒。后果，自然也就是你卷铺盖走人了。

很多时候，我们都能很好地开始，稍微遇到困难时，就会允许自己停下来，心里面打着自己的小算盘，是放弃来得划算，还是坚持下去更好。与其在这里犹豫不决，还不如像萨奇一样，拿出说干就要干好的勇气去赌一把，赢了算作运气，输了算作能力。执行力出类拔萃的人，运气往往都不会太差。

若是在执行任务的过程中，你同样找到了那家礼品店，被上了锁的大门残酷地提醒着该店暂停营业的信息，而总裁这时正在享受惬意的周六时光，这是他不被打扰的个人时间。你是会第一时间冒着打扰总裁的风险，"总裁先生，因为您提供的地址是错误的，我几乎把这个地方翻遍了才找到你说的那家店，然而人家提前关门了"打电话汇报情况提前结束任务，还是将执行力放到第一位，自己想办法处理呢？

不管这是一个真实的任务，还是一个考验，想来总裁都不会把将执行力放在第一位的人拒之门外，反而会把稍微遇到一点的困难就选择放弃的人当作事业上的胆小鬼。执行力这一关就过不了，他凭什么让你留下，更何况那是他亲手设定的考验。

当你费尽千辛万苦，终于如愿以偿地找到了总裁需要的那只蓝色花瓶时，但到达火车站时已经过了火车发车的时间，你是黯然而归，还是进站确认一下火车是否出现晚点，或者想方设法将花瓶送到老板手中？在超强的执行力的支撑下，萨奇成功地完成了最后一个环节。因为他跟总裁承诺过：保证完成任务。

萨奇凭借着坚韧的耐心和在军队练就的执行力，巧妙地化解了总裁在各个环节有意设定的困难，淋漓尽致地诠释出了什么叫执行力，一举成为公司的未来领军人物。所以说，没有其他资本可凭借时，我们拼的就是执行力。

不管你从事何种工作，接手的是何种任务，只有将执行力贯穿其中，铆足了劲朝着终极目标前进，在你的字典中就不会出现拖延、懒等词汇。倘若你已被拖延俘获，就要下定决心将你的犹豫不决化为马上去做，到最后即便是不能如期完成任务，也不至于差得太多。成功的人生，从不打折扣的执行力开始。

第3节　以手机为“战拖”神器

作为一名资深的“拖拉斯基”，每每念及自己的名字，邱今深感有负于父母嵌于他名字里的那份高瞻远瞩。似乎远在他还未降生时，父母就预料到他日后必为拖延所困，所以有意在他名字里埋下了“今日事，今日毕”的伏笔。纵使父母如此苦心孤诣，单名一个“今”字依然没能补全他行动力上的先天不足，任由他长成一名积重难返的“拖拉斯基”。

邱今的拖延主要发生在深夜，混乱的作息习惯是拖延的根源。每天晚上，明明已经困得不行了，明明人就坐在床上，但他还是一个劲地盯着正在播放电视剧的电脑屏幕，即使自己已在不停地打盹，也不打算让电脑先他入睡。好不容易有了关电脑的念头，躺在被窝里的他又摸出了手机，习惯性地把所关注的电子书挨个浏览了一遍，又把社交媒体刷了一遍……一直到夜里三点，他才被阵阵袭来的倦意卷入睡乡。

因为夜里没睡好，到了该起床的时间，邱今迟迟不肯从被窝里爬出来，等到他好不容易鼓足勇气从床上爬起来时，离上班时间却仅剩十几分钟。他只好出门打车，火急火燎地往公司赶去，打车的费用比饭钱花得还多，尽管如此，他还是没有挽回迟到的命运，当真是赔了夫人又折兵。

坐在办公桌前，邱今像西西弗斯日复一日地将石头推到山上那样，所有的事情都被他不打折扣地推到了名为“明天”的大山上。到了第二天，那些事情就像西西弗斯手中的石头，不受控制地滚落下来。面对这些铺天盖地的麻烦，邱今深知自己无能为力，只好甩手逃开，向公司递交了离职申请，公司也就顺水推舟地踢开了他这个麻烦。

待业在家的日子，邱今的拖延再次上升了一个水平。懒得起床，索性睡个昏天暗地，连洗漱都省了。到了不得不出门的时候，洗漱成了必须做的事，但他却非要刷会儿微博再去，以至于次次都是迟到。因为懒得出门，邱今变得特别能忍饥挨饿，每次只有饿到前胸贴后背时，他才舍得出门找吃的。在这种变本加厉的拖延中，邱今一次次地刷新着“拖拉斯基”的纪录。

想当初，他也是一个奋发有为的青年才俊，每每想起从前那个意气风发的自己，邱今都感到羞愧难当。为此，他也反省过无数次，也曾痛下决心将网络拒之门外，将作息时间调至正常状态，然而却事与愿违，他那份不堪一击的坚持一次次被现实打回了原形，他也只好任由自己在疲惫、后悔和自我厌弃中沦陷。

回顾这些年一路走来的跌跌撞撞，邱今在内心里做着“如果没有拖延自己会这样……”的假设。倘若真的将拖延的顽疾从他的生活中剔除，所谓的借口失去了永恒的保护，他是否真的就能如虎添翼，是否就能在各种人生硬碰撞中大获全胜，是否就能巧妙地规避掉那些费时费力又难搞的事情……在他这场声势浩大的反省中，他全部的弱点暴露无遗，城市深深睡去的夜里，他感到前所未有的恐惧。

不管是邱今，还是已经成为“拖拉斯基”的你我，拖延在我们的身上扮演的都是暗黑的角色。面对形形色色的拖延，我们焦躁不安，明明有那么多事等着我们，却提不起半点儿精神；明明已经焦躁难安，却还是选择“再等一会儿”。现如今，科技越来越发达，各种消灭拖延的“神器”也应运而生，强大的应用程序功能，将拖延锁定在了须臾难离的手机中。为拖延所苦的你，可曾想过将手机作为“战拖神器”。

互联网普世的潮流中，越来越多的时间被锁定在网络上，无处不在的诱惑见缝插针地分散着我们的注意力，由此滋生出拖延，浪费了不该浪费的时间。手头的工作没能做完，一边自我忐忑，一边纠结着如何为拖延埋单，害怕领导责备的心理凭空增加了工作的压力，拖延发展成了健康的隐忧。想要战胜拖延，不妨试试“誓友”。

“誓友”是一款为“拖拉斯基”们量身定做的软件，在你的手机里安装上这款应用，打开“誓友”界面，你会忍不住地告诉自己，不许拖延。登录注册后，按照操作指南，你可以不费吹灰之力地将大目标分解为小目标，主次分明在“誓友”中以发誓的形式列出来。目标设定完成后，再去寻求你的目标监督人。

只发誓不行动，无异于掩耳盗铃，强大的执行力才是成功的保证。为了督促你完成所有的目标，“誓友”有针对性地设置了专门提醒功能，它会根据你列出誓言的轻重缓急进行个性化提醒，促使你去完成。

当图文并茂成了一种流行，“誓友”亦赶上了这种潮流，毕竟有图有真相才更有说服力。“誓友”的“发图证”功能丰富地表述了你的“战拖”过程，誓言是否完成全在一图中。

拉起一支队伍，总比单打独斗强。在“誓友”中，它会为你寻找“志同道合”的朋友。誓言完成后，你会得到大家的肯定，誓言失败后，你也会深感“无地自容”。除此之外，它还有提高你完成誓言效率的奖惩功能。

说白了，拖延就是我们明知道它是一种不好的行为，还是会习惯性地将事情拖延、推迟，是一种有意而为之的惯性。当我们能够在手机里下载“誓友”时，就已经在正视自己的拖延问题，希望去做一些改变。

不可否认，软件中设置的定时提醒和花样督促，确实会让人有紧迫感，也会使我们的拖延情况有所减轻。不过，“战拖”软件虽然为我们制定了流程，却并未教你如何去做事，所起的作用还是有限的。要想真正摆脱拖延，还得靠自己翔实地规划和认真地执行。

第4节 把时间精确到5分钟

约翰，是地中海的一个富翁，靠经营珠宝发家。临近退休，他在美丽的城郊买了一幢豪华别墅，准备在此安享晚年。一切安顿好后，约翰提前搬了进去。奇怪的是，从这天起，约翰每天晚上都会做同样的梦。

在梦中，傍晚时分，约翰一如既往地踏着落日的余晖回家，他刚打开自家的别墅大门，就看见有个人从他的花园里扛出一只只箱子，旁若无人地从他身边走过，把箱子装上大卡车后扬长而去。时间之短，根本不容他去阻止。

这天晚上，同样的场景又出现在了约翰的睡梦中。早早守候在大门口的约翰，在箱子被拉走的瞬间，他直接开着车子追了过去。卡车上的人不知是没有发现跟来的约翰，还是有意让约翰追上，那辆卡车一直开得很慢，开到城郊的峡谷旁才停了下来。然后，那个人将箱子从卡车上卸下来，放在一堆废箱子上。

约翰从车上走下来，见此处堆满了各式各样的箱子，忍不住向陌生人问道："之前我就看到你从我家后花园里扛走一只只箱子，箱子里装有什么东西？这么多的箱子你准备用来做什么？"

陌生人打量了一下约翰，开口道："你不知道吗？你家还有许多这样的箱子要运走，这里面装的都是你虚度的日子。"

"什么？我虚度的日子。"约翰一副难以置信的表情。

"对，全部都是你虚度的年华，你白白浪费掉的时光。它们都是你日思夜想，念念不忘的美好时光。可是，这些美好时光在到来之时，你又是如何迎接的呢？

当初它们个个都绝无仅有，却硬生生被你过成了旧时光。来，你过来看看。”

约翰走了过去，顺手打开离他最近的那只箱子，往里面望去，看到的是一条通往暮秋时节的道路，他的未婚妻踩踏着落叶轻轻地走着，等候着他的到来。接着，他又打开了第二只箱子，里面呈现出一间病房，病床上躺着等他回去的弟弟；他快速地打开第三只箱子，那所老房子的栅栏门口，卧着忠实的老狗，眼巴巴地望着门外，两年如一日地等他回来。

约翰不忍再看，以近乎祈求的语气对陌生人说道：“先生，您可不可以把这些箱子卖给我，我愿意用我所有的财富跟您交换。”

陌生人对着约翰做了个根本不可能的手势，无声地拒绝了他的请求。“真的太迟了，已经失去的东西，就不要妄想再次拥有，时过境迁的等待，怎样都无法挽回。”话刚落地，他就带着箱子一起消失了。

显而易见，这个寓言故事向我们传达的是珍惜时间的理念。在我们的一生中，时间总是不知不觉地从我们身边溜走，当我们意识到时已经晚了。因此我们要善于学会利用生活中的每一天，尽其所能地提高人生的效率和质量，在弥留之际，才不会有太多的悔恨。

人们之所以会浪费时间，就在于他们没有想到自己是时间的主人，亦没有善于利用时间的好习惯。因此做起事来，总会无意识地拖延，从而造成了时间上的巨大浪费。好比从不整理的乱七八糟的房间：床上散落着需要换洗的衣物；地上堆积着该洗的脏袜子；桌上散乱的文件落满了厚厚的灰尘；书架上未来得及收拾的书籍东倒西歪地放在那里。每次整理房间之前，整理房间的繁杂都会自动在脑子里预演一遍，还没开始你就已经懒得动手了。

面对这种无落脚之地的乱室，你是一直拖延下去，还是耐着性子行动。不管选择哪种，都是一种精神上的痛苦。既然必须做，我们不如尝试一种欢快的

“5 分钟行动法”。就是在整理房间之前，我们可以定个时长为 5 分钟的闹钟，在这 5 分钟内，你就开始整理房间，时间到了，就马上停手。

对比一下 5 分钟前后的情况，你会不由自主地对自己进行肯定。虽然 5 分钟的时间根本不能把所有的东西都整理完，但是跟之前相比，确实已经好太多了。只是短短的 5 分钟，就能出现如此神奇的效果。这种很明显的变化会调动你的情绪，会让你觉得房间真的干净了许多。不要小看这微小的胜利，它能带动你将任务继续贯穿下去。

我们不难发现，很多拖延行为通常是由以下原因引起：“工作时，我必须找到状态，工作环境必须毫无干扰”“现在我还不太想工作，在自己想工作的时候才有效率”“要么不做，要做就必须做到最好”“我需要一个合适的时机才能开始”“凡是经我手的事情，不能有任何瑕疵”……

“5 分钟行动法”同样适用于上面的情况。如果有一项事务你迟迟未开始，不妨尝试一下“5 分钟行动法”。针对当天事务清单上的某项任务，你可以腾出 5 分钟的时间来展开，坚持 5 分钟后，就可以停下做其他事情，并定下第二个 5 分钟，然后在那个时间段去严格执行。

每次只需坚持 5 分钟你就可以做其他事，你就不会再为自己找借口。只要你开始做了，坚持 5 分钟后，你就会发现状态来了。这时，让你停下来去做其他事你也会拒绝的，只想一口气将这项工作做完。

“5 分钟行动法”不仅可以帮我们摆脱拖延，而且会帮助我们养成善于利用时间的好习惯，让你做回时间的主人，进而提高人生的效率和质量。诚然，我们不能延长生命的长度，但是我们可以通过善于利用时间的好习惯，在有限的生命中扩展生命的宽度，如此一来，就等于增加了生活的“密度”，扩充了有限的生命内涵。

【5分钟行动法要领】

1. 立即行动，勿迟疑。面对繁杂的事情，你一定要赶在产生畏难情绪前行动，拿出闹钟，定好时间后，立即行动。

2. 欺软怕硬，即柿子先挑软的捏。先处理一些简单易完成的任务，让它将你的积极情绪调动出来。

3. 千里之行始于足下。“5分钟行动法”说白了只是为了改变你的拖延情绪，短短5分钟内你不可能完成很多工作，但是开始的第一个5分钟你一定要坚持下去。

第九章

三人行必有我师

在打败拖延的道路上孤军奋战，不如找一些志同道合的人并肩战斗。结交行动力强的朋友，在社交网络中寻找战友，他们会帮助我们彻底打败拖延。

第1节　成为行动派的朋友

《阿甘正传》是大家都不陌生的美国影片，它曾于1995年一举斩获第67届奥斯卡最佳影片、最佳男主角等多项大奖。这是一部充满正能量的电影，为我们讲述的是主人公阿甘把握今天，将行动派的精神贯穿始终，肆意地挥洒着个人专属的精彩，接二连三地创造出一个个辉煌的故事。

影片中的阿甘既非高富帅，亦非天赋异禀，他是一个智商仅为75的低能儿，一直活在别人的讽刺中。值得庆幸的是，他有一个爱他、怜他的母亲。在母亲持久的关怀和无处不在的鼓励下，阿甘不再逃避别人的眼光，一步步地走出自卑的阴影，用力去拥抱每天的生活。

尽管他对这个世界充满了热爱，却掩盖不了天生低能带来的尴尬。因为智商不够，阿甘总是被同学们欺辱。逼仄的环境中，他没有以暴制暴的能力，亦没有报复的念头，只好用奔跑来对抗这种欺辱。

无巧不成书，阿甘的这种奔跑，使他成功地跑进了一所学校的橄榄球场。橄榄球赛场上，他抛开低能的包袱，扬长避短，在每场球赛中以最快的步伐甩开对手。功夫不负有心人，多年的执着将他送进了大学，进而成为大学中备受瞩目的球星，甚至受到美国总统肯尼迪的接见。

低能儿有低能的好处，不管是何种处境，在阿甘的字典里从来没有“明天”这个字眼，他只是日复一日地坚持着自己认为应该做的事。正是他这种脚踏实地的实干精神和只认准一件事的专注，使他的人生连创佳绩：作为一名有低能儿之称的新人，凭借着无往不胜的执行力，一举成为震惊全美的乒乓球巨星。紧接着，他被选派参与中美两国的乒乓球外交活动，并且受到总统的接见；后来，凭着这股韧劲，他创立了一个捕虾公司，并把自己经营成了百万富翁。

兜兜转转，终于有一天，阿甘一心所爱的珍妮回来了。遗憾的是珍妮只陪阿甘生活了一段时间，便不辞而别。失去了挚爱，阿甘又有了奔跑的念头。就这样，他再次开启了奔跑的生涯。这一次，他的奔跑引起了更大的轰动，因为他横越了全美，很快便成了众人眼中的焦点。

阿甘之所以能够坐拥辉煌，不是因为他多么得聪慧多资，而是因为他善于把握今天，敢于立即行动，肯执着坚守。对他而言，只有走出来的精彩，没有等来的辉煌。

握在手里的今天，是我们最大的财富，若我们全身心地投入，收获的将是美好的享受。我们不如向故事中的阿甘学习，充分享受当下的每分每秒，不去挂牵已失去的昨天和未来到的明日。将所有的心思和力气都花在今日，你的行动必然会给你带来相应的回报。

一列火车静止不动时，随便在它的 8 个驱动轮前放一块小小的木块，就足以使它在铁轨上沉睡。然而，一列奔跑的火车完全具有横穿 5 英尺厚的钢筋混凝土墙的冲力。两相对比中，行动的强大威力已不言自明。若是想在有限的生命中有所成就，就赶紧做一辆奔跑起来的火车吧。

歌德说得好：“只有投入，思想才能燃烧。一旦开始，完成在即。”当你意识到拖延一步步向你靠近时，或者你已成功地被它俘获时，你应该立即清醒，以“拒绝拖延，立即行动”的态度给予迎头痛击，并让自己以最快的速度行动起来。

漫漫的人生中，我们都有层出不穷的梦想和理想。当我们下定决心要付诸行动时，一定要以坚决的态度排除来自外界的干扰和诱惑，让自己不打折扣地去执行。否则，所有的梦想都只会沦为幻想，那时，将会有说不出的遗憾。

很多时候，我们总是喜欢等待，等所有的条件都成熟了才会去行动，从未想过去主动地创造条件。殊不知，良好的条件不是等来的，而是你拿行动去换来的。即便是很小的一件事，你不去处理，它永远都是事。你下定决心去做，它就真的不是事了。

【成为行动派的七种方法】

摆脱拖延，从立即行动开始。掌握了下面七种方法，你就会成为一名不折不扣的行动派。竭力“战拖”，你还在等吗？

1. 不要等到条件完美时才行动

世间没有所谓的完美，成熟的时机，你可能永远都等不到。事情都有其特殊性，正常工作也好，日常琐事也罢，或者说是市场竞争，我们都不能等来理想的时机。我们能做的只有马上行动，遇见一个问题解决一个问题。

2. 试着去做而不是去想

你开始减肥了吗？你有更好的写作思路了吗？对公司上市的新产品你有更好的想法吗？一旦你有了某些想法，就要立即去做，不要让它在你的脑子里停留太久，因为时间越长，想法越模糊。也许过不了多久，它就完全被你抛在了脑后。

3. 光靠想象是不可能成功的

当想法只是想法时，它并没有什么价值。只有将你的想法以行动的方式展示出来，它的价值才会体现出来，才会得到认可。如果你现在有一个好的想法，就应该马上去实现它。否则，它只能是想想而已。

4. 用行动战胜恐惧

经历过演讲的人都知道，最难熬的时刻不是自己演讲的瞬间，而是之前的等待。哪怕是有经验的演说家，他们也会感到紧张和恐惧。然而，当他们开始演讲时，这些情绪就会自动消失。这种恐惧，唯有行动才能治愈。最难开始行动，即刚开始之时，在球开始滚动之后，你就会变得自信，事情也随之变得简单。

5. 开启你的创造引擎

对创造性工作最大的误解就是，认为它只会在有灵感的时候才产生。守株待兔式地等待灵感来敲门，是不会写出惊艳的作品的。与其坐等，还不如学会机械地开启创造引擎。如果你需要写一篇文章，那么，就强迫自己坐下来，梳理篇章，酝酿词句。

6. 活在当下

把目光放在眼前，关注自己当下能做什么。不要提前去担心明天的任务，也不要挂念上周未完成的事，你应该把所有的精力都用在现在。因为不管你对未来和过去有多少想法，对于当下的事来说都是多余的。

7. 立即完成

在我们处理工作的时候，很少有不被打扰的情况，所以，这就会导致你的大部分时间都会浪费在那些无关紧要的干扰上。若是能巧妙地避开它们，并马上开始工作，你的效率将会大大提高，与此同时，你也会赢得别人的信赖。

第2节 肯定七个馒头的功效

迎着晨起的太阳，赵晓光一脸明媚地来到了公司。推门落座后，他简单地酝酿了一下工作前的情绪，就开始了这一天的工作。从接收该项任务到现在已经三天了，工作上磕磕绊绊却没有任何大的进展，赵晓光死死地盯着电脑屏幕，不动声色地思索着整个事情的来龙去脉。

随着思考的深入，进办公室之前的明媚在赵晓光脸上也随之荡然无存，他的心情急速滑入低落和寡欢。整整一个上午，这项进展得很不顺利的工作都在磕磕绊绊中艰难地推进着，十分郁闷的赵晓光为了缓解工作上的压抑，不时地找借口开小差。

吃完午饭，赵晓光满心不情愿地回到了座位上，强忍着内心的焦躁，继续以苦大仇深的态度敌视着那份未完待续的工作。既然事情这么繁难，索性去逛逛论坛、浏览浏览网页吧，放松一下也是极好的。在他时断时续地开小差中，焦躁也逐渐升级，工作也越来越进行不下去了。

事到临头，这样下去也不是办法，得赶快找回原来的节奏。想到这里，赵晓光站起来为自己泡了一杯咖啡，而后一边梳理着任务的架构，一边寻找着突破口。

他的这种劳神苦思在临下班的前一个小时起了作用，随着思考的渐趋全面和深入，他的头脑也越发地清晰，思维也变得敏捷起来，并很快就进入了绝佳状态。不知不觉已到了下班时间，同事们都陆陆续续地起身离开了，赵晓光却丝毫不受影响地进行着手上的工作。办公室的人都走完了，他还在电脑屏幕上

“奋笔疾书”，直到敲完最后一个字，他才不紧不慢地站起来伸个懒腰，关上电脑走人。

回到家后，赵晓光很不甘心地想：“为什么，临近下班自己才进入最佳状态，以至于白白浪费了一个白天。”他记得，前几日自己正在看一本书，因为接下来还有任务，所以他必须在那天把书看完。于是，那本为他所喜的书，在他迫不及待的情况下稀里糊涂地读完了。由于第一遍看的一知半解，吃过晚饭他又看了一遍，突然发现什么都明白了，觉得自己简直是天赋异禀，白天的囫囵吞枣简直是浪费生命。

思来想去，赵晓光终于理出了前因后果。正是因为白天各种尝试工作上的突破，所以在临近下班时他才进入了“最佳状态”。若是没有白天的铺垫，他的工作仍将无从下手。看书那件事也是同样的道理，若没有起初的囫囵吞枣，就不会有第二遍的如梦初醒。得出了这样的结论后，赵晓光便不再否定白天的成绩，并认可它的意义所在，亦不再强调临近下班时如虎添翼的神效。

你肯定也遇到过这种情况，工作无法开展时，你会对自己说“我状态不好，现在还不是做事的时候”，于是你晃悠了一个上午；午饭后，面对一筹莫展的工作，你再次犯难“灵感迟迟不来，让我如何是好？”晃晃悠悠又是俩小时；临近下班，又会直接进入“我今天什么也没做，太失败了”的死循环。

好比你今天要写一篇文章，起初你肯定要花一定的时间去谋篇布局，设计架构，接下来再进行一番遣词造句，最后文章才能落成。刚开始，或许仅仅一个题目就会让你纠结许久，又会经历词不成词，句不成句的状态……只有成功地走过这段熬人的焦躁，才能达到下笔如有神、文思如泉涌的状态，看似是上天降恩，实则是你前面冥思苦想铺垫来的结果。若没有前期搜肠刮肚的准备，枯坐到最后恐怕也还是无从落笔。

赵晓光的故事恰到好处地点出了“七个半馒头”的真意，这就好比一个正处于饥饿状态的人，吃了七个馒头后并不觉得饱，顺手又吃了半个才彻底饱。因此，我们会把所有的功劳归结为那“半个馒头”上，从而忽略了七个馒头所作出的铺垫。于是想当然地认为，那些所谓的铺垫纯粹是浪费时间，与其耗心费力地瞎折腾，还不如等待“最佳状态”的到来，从而把所有的赌注都压在了最后那“半个馒头”上。

工作中我们所期待的“最佳状态”，写作时我们所奢求的“灵感”，正是上文中我们所提到的“半个馒头”。因为否定了七个馒头的功效，在不知不觉中我们就走入了误区，认为“半个馒头”是随机的，外在的，是可遇而不可求的，是来自老天爷的一种恩赐。你能做的，只能是守株待兔式地等待，无所作为地碰运气，其他的都是徒劳无功的瞎折腾。抱定这种思想的你，不自觉就成了拖延的俘虏。

不管是在消息闭塞的古代，还是在信息量庞大的现代，拖延都长久地存在着。随着外来诱惑的层出不穷，拖延颇有肆虐之势。在快节奏的生活中，我们都想以最快的速度保质保量地完成手头的工作，都希望找到一种不浪费时间而解决问题的捷径，对此，所有的心思自然就落在了具体的效果上。

当我们认识到了七个馒头的重要性，就不会觉得自己做的全是无用功，就不会因为一天的一事无成而自怨自艾，就不会对前七个馒头熟视无睹，将全部的心思都放在寻找那半个馒头上。

战胜拖延，从肯定七个馒头的功效开始。在这种想法的引导下，处理事情时，你就会很安心地去吃那七个馒头，焦躁、抓狂等暗黑情绪都会失去容身之所，你自然也就不会想方设法地去逃避工作。因为你知道你做的每件事都是有意义的，就不会在臆想出来的痛苦中呼天抢地，更不会有颓废堕落的想法，而是慢慢将自己从“自甘堕落的废物”变成“充满正能量的人”。

第3节 在社交网络中“战拖”

在蝉鸣声声中，又迎来了一年的盛夏。入夏伊始，就下定决心要学习游泳的李娟，由于一直不得空，学习游泳的事情被耽搁了很久。突如其来的一天，李娟约好友薛荣出来玩，头顶着骄阳，薛荣前来赴李娟之约。在附近的冷饮店闲聊一番后，薛荣提议到游泳馆转悠一圈，顺便向李娟秀一下最近学习的游泳新技能。

说走就走，没过多久，她们就来到了薛荣时常出入的游泳馆。推开门后，薛荣轻车熟路地带着李娟直抵她练习游泳的区域。李娟环视游泳池一周的工夫，薛荣已换好泳衣从对面的更衣室走了出来。只见她一个箭步便如鱼儿一般跃入了泳池中，在水里尽情尽兴地炫着这些时日以来学的各种游泳技能。

看着在游泳池里如鱼得水的薛荣，李娟的欣羡之情溢于言表。今年年初时，对游泳跃跃欲试的薛荣就约她入夏时一道学习游泳，本就对游泳有几分喜爱的她也被薛荣说动了，不巧的是，后来被某些事耽搁了，再想起时，已是被薛荣不由分说地拉至游泳馆的这天。

若是自己当初跟薛荣一起学游泳，今日是不是也能如她一般在水中欢快畅游，整个夏天都可以与水这般亲近，那该是多么美好的事情呀……直到薛荣从游泳池中出来与她笑谈，李娟才从遐想中醒转。

回到家后，游泳热情重新被激起的李娟，再次下定学习游泳的决心。经过一番发自内心的检讨后，李娟索性趁热打铁，当即在网上搜索一些游泳初学者的配置，顺手点开了一个名为“如何挑选合适的游泳装备”的帖子，看完之后，又点开了几个类似的帖子，觉得自己已经具备了初步的挑选游泳装备的知识。接下来，她开始在淘宝上挑选游泳装备，先是浏览各种商品信息，然后又在价格和质量上货比三家，忙活了好几个晚上才把游泳装备置办妥当。

几日后，看着买回的泳衣、泳镜、救生圈等游泳必需品，李娟为自己完成第一步感到高兴，那天晚上在梦里她都是在学习游泳。第二步，李娟采纳薛荣给的建议，先在网上观看一些游泳教程的视频，自己跟着视频练习游泳姿势；有了初步的基础后，再去游泳馆咨询成人学习游泳的相关情况，考察游泳课程的设置、班级的规模、教师的技能水准、馆内的设施和环境……

看看停停，单单是网上的视频教程，李娟就看了半个月，始终也没琢磨出个所以然来。等她身体力行地着手考察周边的游泳馆时已经到了七月底，当她掌握了各种信息，各个方面都准备充分后，认为自己可以学习游泳时，夏天已接近尾声。

蝉声渐消，夏去秋来，此时游泳池的水已变冷，不再适合学习游泳。李娟的计划也就只好随着蝉声一起消失于这个夏天。为此作了这么久的准备，却连一次下水的机会都没有，买的那些游泳装备也没能派上用场。李娟轻轻地打开衣柜，将这些精挑细选来的装备小心地放在了衣柜里，连带着放进去的还有她对游泳的热情。这年夏天，她终究没能学会游泳。

拖延使李娟这一夏天的游泳计划搁浅，顺带着也夺去了她对游泳的热情。人生天地间，谁能不拖延。在某些事上拖得时间久了，难保当初的热情不会被消磨殆尽。被拖延缠得紧了，不管是情绪上还是精力上，都会觉得力不从心。

不得不承认，拖延会使我们陷入烦躁的情绪。手上有一件久未办完的事，沉甸甸地压在你的心头，日复一日地摧残你的情绪。那种感觉就像脖子上挂着一块石头，又像是陷入了软塌塌的沼泽，深陷其中的你只能焦虑烦躁，寝食难安。

因为拖延，留待处理的问题越积越多，每天面对办公桌上堆积如山的文件，任谁都会头大、抓狂。手头上积压的工作过多过杂，以至于你都不知如何下手，结果往往是丢三落四，每件都是半途而废，最后不仅费时费力还徒劳无功。

除此之外，拖延还会使你遭受心理挫折，它会一点点吞噬你的自信，让你不由自主地自我怀疑，进而迁怒于工作环境，将各种原因都推到别处、推给他人，抱怨自己的才能得不到发挥，抱怨总有烂事来阻碍你的工作。

抱怨还会使你前途暗淡，失去晋升的机会。任何一个上司，都不会一而再，再而三地容忍下属办事拖拉不着调，不讲求实效，也做不出业绩。他们需要的是强有力的辅助者，而不是优柔寡断的跟随者。

俗话说，三人行，必有我师焉。不管是现实世界还是虚拟网络，尽可能地去扩展自己的交际，在交流中互帮互助，相互促进。深为拖延所苦的你，一定会在这个广阔的空间中找到同类，会发现在你不知道的地方，还有一群人跟你一样有些似曾相识的处境，为类似的事情所苦。

以故事中的李娟为例，为了摆脱拖延，她完全可以在社交软件中加入“游泳战拖群”之类的团体，也可以在各大社交网站搜索相关的帖子，找到组织。群策群力，在社交网络中尽情地讲述自己拖延的故事，而后让他人给你提出一些行之有效的建议，并与某些人约定相互监督。如此一来，你就不会觉得只有自己在孤军奋战，在相互扶持中，你也更容易找回那个意气风发的自己。

再比如，时常拖稿的人，完全可以加入一个“今天你写稿了吗”之类的群。即便里面不全是“拖拉斯基”，也还是存有一部分这样的人。为了让自己更好地战胜拖延，你可以从中找出一两个聊得来的人进行拼字数，向来不肯人前服输的你经过几次这样的历练，你的拖稿情况一定会渐趋好转。

独乐乐不如众乐乐，独木强支不如众人相扶。当你被拖延围追堵截时，不妨在社交网络中寻找志同道合之人合力“战拖”，那时的你不再是孤军奋战，会有人帮你出谋划策，只要你能听劝、有决心、肯行动，想拖延都难。

第4节 “战拖”路上你不孤单

郭旭是一名拖龄颇长的“拖拉斯基”，在孤军奋战中屡败屡战，即便是走得步履维艰，也从未放弃过“战拖大业”。一次偶然的机会，在网上闲逛的郭旭找到了一个“战拖”团体——“战拖骑士团”，孤单久了的郭旭想都没想就直接加了进去，从了解拖延情况开始，他们在群里各诉“战拖革命史”，随着进一步地了解，他们又了解到了彼此的相关信息。郭旭发现，尽管大家拖延的内容、原因和程度各不相同，但无疑不承认自己是有“非常严重的拖延恶习”的“拖拉斯基”，并且已经走在“战拖”的路上。

“战拖骑士团”是通过网络将“拖拉斯基”会聚到一起的群体，目的简单明了，就是通过相互交流、帮助、监督、鼓励，定时分享自己成功或失败的经验，一起彻底摆脱拖延。因为性格开朗，人好相处等一些积极的原因，进群没多久的郭旭就跟大家打成了一片，接着他还被群主设置成了管理员，负责跟另一位管理员进行协调，负责督促群里的伙伴们每天制订工作和学习的计划，让大家以签到的形式在群里进行“早打卡，晚汇报”。

郭旭虽然性格上较为阳光，但办起事情来的执行力着实不敢恭维，因为他总是慢慢吞吞、晃晃悠悠，小时候，郭旭就荣获了“慢半拍”的称号。他身上的拖延主要表现在日常小事上，如周末本来跟别人约好了要去某个地方，他从来不会按时到达，总会出现这样或那样的变故。再如，本来可以随手处理掉的事情，他总会习惯性地拖延，一直拖到不得不做才罢休。

对于群主给自己安排的工作，郭旭还是非常满意的。群里的成员被要求每天都要列出自己的任务清单，早上打卡的时候上传至群文件中，晚间再对这一整天的内容进行回顾、整理，以文件的形式向大家汇报自己的完成情况。郭旭所负责的就是督促大家及时打卡、按时汇报，相当于一个督导员。他觉得，让一个“拖拉斯基”去监督一群“拖拉斯基”，对自己来说虽然是一个极大的挑战，同时在很大程度上对改掉自己身上的拖延也大有裨益。

除“早打卡，晚汇报”的监督制度外，“战拖骑士团”还有一些具体翔实的“战拖”内容，群里的信息员会定时地向大家传递一些“战拖”成功的案例、战胜拖延的方法、关于拖延的各种分析，每周还会举行内部交流会。

转眼又是周六，又到了“拖延大会”的日子，“战拖骑士团”的成员们早早地在线上等候。会议正点开始，在群主的主持下，大家进行着各自的发言和相关的讨论，随着讨论的深入和“战拖”经验的分享，成员们的盲点也变得越来越少，对自己的认识也越来越到位，成员中渐渐出现了成功的案例。

“太有成就感了，做梦都想不到按部就班地专注于一件事，居然这么快就完成了，而且感觉还不错。”张雯如是说。张雯平时完成一个工作报表需要花费一个下午的时间，光是开头，就需要纠结半个小时，写到一半的时候，还会分神浏览网页、逛朋友圈、收拾办公桌等。她深知自己的拖延原因是：选择太多、干扰因素太多。于是，她专门尝试了信息员分享的“5分钟工作法”，没想到试过之后，竟然成功了。坚持了一周后，她觉得现在的状态好极了。

随着成功案例的逐渐涌现，群内成员的“战拖”信念也越来越强。在群友的鼓励和帮助下，郭旭的拖延情况也正在一步步好转。长此以往地坚持下去，群里的“拖拉斯基”也变得越来越少，果真是人多力量大。每每在群里取得一些进步时，郭旭总会不由自主地发出“找到组织的感觉，真好”的心声。

还是学生的你，是否每天晚上十点钟爬上床准备美美睡上一觉时，刚躺下就发现整整一天你都没有时间刷空间、微博、朋友圈的动态，于是你拿出手机想要看看自己的朋友在这一天中都有哪些动态，这种一发不可收拾的状态一直持续到凌晨一点，睡觉的黄金时间也被你刷成了过去式，摇身一变，你就成了“夜猫子”。

行走在考研路上的你，正准备跟微积分“作斗争”，一个叫你出去玩的电话将学习这件事全盘打乱，于是你丢下微积分，连笔帽都来不及套上，就火急火燎地出去呼朋唤友了。等你玩罢归来，已是街灯四起的夜晚，玩累的你在推开门的瞬间，只想与床来一个亲密的拥抱。因为你的懒惰和贪玩，复习微积分这件事被你一直往后拖。

已是上班族的你，因为拖延扯后腿，当天的工作还有一些没完成。临近下班，本该在公司加班的你，骗自己说：“还是把工作带回家做吧，那样时间上更充足，效率也更快点。”到家之后，你突然觉得很累，索性就放任自己休息一会儿。一晃到了吃饭的点，吃过饭后你又拿此时立即工作对身体不好为借口，去找朋友在社交软件上“侃大山”。这一切做完后，你发现已经很晚了，提醒自己该睡觉了。

不知你有没有注意过这样的计算，0.99 的 365 次方是 0.0255，而 1.01 的 365 次方等于 37.78。两相对比的结果就是每天多做一点和少做一点的差别。很多时候，我们都会不由自主地拖延应该马上去做的事，最后将事情拖过期。某些时候，当你认真回想起来自己因为拖延而耽搁了多少事，丧失了多少机会，你是否会感到内疚、不安？

除了自身的原因，拖延其实还跟环境有关，也有心理因素在作怪。之所以写下这些，是想给你一些善意的提醒，别让拖延偷走你太多的时间。想想自己曾经的热情，曾经的豪情万丈，是否会被眼前的拖延、懒惰掏空。

千里之堤，毁于蚁穴。千万不要小看拖延，日积月累下来就会影响个人的发展：它会让机会稍纵即逝，也会让你与成功失之交臂，甚至会让所谓的借口毁了你。一个真正想成功的人是没有任何借口的，也不会一直让拖延如影随形的。

亡羊补牢，为时未晚。“战拖”路上，你并不是一个人。正在与拖拉博弈的你，可以通过社交网站，找到自己的盟友，如郭旭一般在集体中感受“战拖”的热情，一点点地将拖延从你的生活中剔除，享受美好快乐的新生活。

第5节　别了，“拖拉斯基”

杨科在当地一家很有名气的公司担任技术员，他的工作就是进行一些图纸的设计。不管是业务水平还是人际关系，聪慧机敏的杨科绝对能胜任各种工作的调整和人事上的纠缠。若说真有哪些欠缺，最让他和别人头痛的则是，深植于他脑海中的“拖拉哲学”。

杨科的这份“拖延哲学”，主要是在一次次截止日期前化险为夷得来的。工作时的高效率，加班加点完成任务后的快感，成功跨过截止日期的自我膨胀……都让他格外享受。据此，他有了这样的定论：事情拖一拖没什么不好的，虽然在紧要关头会感到“压力山大”，可是正因为时间上的限制，工作效率比平时多出数倍。更重要的是，越在火烧眉毛的时候，精力越是集中，一气呵成完成任务的感觉就会越发地酣畅淋漓。这份“拖延哲学”在无形之中已被他当作制胜的法宝。

俗言道：“常在河边走，焉能不湿鞋。”这天，刚进办公室，科长就给杨科安排了一个图纸设计的任务。因为上面要得比较急，所以只留给杨科三天的设计时间。依靠杨科平时的工作效率，这项图纸设计的任务两天之内就可以轻松完成。在他“拖延哲学”的引导下，杨科并没有马上展开工作，甚至故意摆出一副天下闲人的姿态，对着电脑若无其事地逛各类社交软件。眼睛疲累时，索性端起咖啡到其他科室转悠，连续两天都是这样。他认为，这项工作一天就能搞定，先闲两天再说。

优哉游哉地过了两天后，第三天出门前，杨科对着镜子一阵摩拳擦掌，大有将任务一气呵成的架势。令人意外的是，杨科刚进入办公大楼，就得到单位将停电一上午的消息，图纸设计未完待续的思路和搜集来的相关数据都在电脑里，想提前处理工作已是不可能。仅仅半天的时间，想要完成预期一天的任务，结果可想而知。

见杨科没有如期地完成图纸的设计，科长对他进行了严厉的批评教育。从科长办公室走出来，杨科并不觉得自己有错，若不是单位停电，图纸设计工作肯定能不打折扣地完成。如此重蹈覆辙了几次，科长对他失去了耐心，不无惋惜地对着身边的秘书说道：“这孩子除了办事拖拉，哪里都好。好多次，我都有意提名他为副科长，却一次次卡在人事考核上。那边的意见是‘态度散漫，办事拖拉，是不能委以重任的’。可惜了，这么好一棵苗子，硬是被拖拉给拖下水了。”

杨科的故事在我们身边屡见不鲜，在成长的过程中，我们总会听到这样或那样的抱怨：“如果我早一点做这件事，早就……”或“这种结果我早就料到了，真为自己当时的犹疑、拖延后悔。”当初如何如何，要是怎样怎样，这些所谓的悔恨无一不是因为自己的拖延。如果只是停留在对未来的悔恨和不切实际的幻想中，事情只会更糟。只有将所有的想法变成行动，才能拥抱成功。

一张地图，无论上面的内容如何翔实，比例多么精确，它永远不可能带着你周游列国。由此及彼，你劳心费神地制定出的宏伟的人生蓝图，不管是多么精细与合理，若你不去按部就班地执行，就永远不可能自动成为现实。只有用不打折扣的行动取代只想不做的计划和理想，才能一步步实现你要的成功。

因此，如果你想要拥有成功的人生，就要学会拒绝拖延，不管工作中或生活中的大事还是小事，都应该在第一时间去做。告别“拖拉斯基”，立即行动是无往不胜的利器。那么，我们该如何将拖延驱逐出境，享受积极向上的人生呢？

告别拖延之前，我们首先要搞清楚拖延的危害。最为直观的表现是金钱上的丧失和机会的错失，内在主要表现为精神方面，如自责、尴尬、焦虑、负罪感、欺骗感、紧张、恐慌等情绪，严重时则表现为焦虑和抑郁，感觉自己孤立无援、很无助。

意识到拖延的危害后，我们接着就要强迫自己必须把所有的事情赶在截止日期前搞定。如果不逼自己一把，你永远不知道自己有多大的能力，即便是强迫自己去做，也比一味地拖延要强得多。当你有拖延的想法时，试着回想一下曾经自信心爆棚的自己，就会多一点做事情的动力。

与其发呆苦闷，倒不如做一些细微的小事，如洗碗、打扫卫生等。在做这些事情的过程中慢慢发生改变，一点点找回做事的状态，你的干劲就会慢慢地加强，然后再去处理你迟迟不肯开始的工作。

若是这些还不够，不妨做一下得失预算。拿出纸和笔，在上面罗列出某些不做的事，若是执意不做，你将会失去什么，然后一点点地深挖其后续的影响，去感知那种失去的感觉；倘若你现在就做，你又会得到什么，抽丝剥茧地挖掘出积极的影响。权衡利弊后，结果就会引导你该如何去选择。

切忌一口吃成胖子的思想。拖延的根源之一就是总觉得力不从心，之所以力不从心是因为工作积压了太多。这时，你要做的不是一口气处理完所有的工作，而是将这些任务分成一个个小目标，然后集中精力去各个击破。从而在不断做事的过程中积累成就感和自信心。

当然，为了让自己工作起来更有干劲，不妨给自己一些奖励。比如，当你着手处理积压许久的事情时，奖励自己一件小礼物；当你集中精力完成某件事后，给自己留出几分钟的“嘚瑟”时间，发个朋友圈炫耀一下；当你攻克某一个大目标后，许自己一场旅行或奖励自己一部电子产品。因为你对自己的肯定，工作起来才会更加得心应手，从而在快乐工作中收获久违的成就感。倘若你能做到这些，还会害怕拖延来捣乱吗？

图书在版编目（CIP）数据

打败拖延 / 张辉霞著 . —北京：中国法制出版社，2018.7
ISBN 978-7-5093-9461-8

Ⅰ . ①打… Ⅱ . ①张… Ⅲ . ①成功心理—通俗读物
Ⅳ . ① B848.4-49

中国版本图书馆 CIP 数据核字（2018）第 107401 号

责任编辑：王佩琳（wangpeilin@zgfzs.com）
李宏伟（lihongwei@zgfzs.com）

封面设计：周黎明

打败拖延

DABAI TUOYAN

著者 / 张辉霞

经销 / 新华书店

印刷 / 三河市国英印务有限公司

开本 / 710 毫米 ×1000 毫米 16 开　　印张 / 15 字数 / 195 千

版次 / 2018 年 7 月第 1 版　　2018 年 7 月第 1 次印刷

中国法制出版社出版

书号 ISBN 978-7-5093-9461-8　　定价：45.00 元

北京西单横二条 2 号 邮政编码 100031

值班电话：010-66026508

传真：010-66031119

网址：http://www.zgfzs.com

编辑部电话：010-66010406

市场营销部电话：010-66033393

邮购部电话：010-66033288

（如有印装质量问题，请与本社印务部联系调换。电话：010-66032926）